高等院校数字艺术设计系列教材

Flash CS6

动画艺术设计 案例教程（第三版）

刘莹 编著

U0353874

清华大学出版社
北京

<h1 style="text-align:center">内 容 简 介</h1>

本书语言平实，条理清晰，以精美的案例和新颖的版式详细讲解各种类型Flash动画的制作方法和技巧，突出显示了Flash动画制作的精美效果和良好的交互功能，使读者易学易用。

本书共分9章，其中包括Flash CS6快速入门、掌握Flash绘图功能、制作基础动画、制作高级动画、制作文字与按钮动画、声音和视频在动画中的应用、ActionScript 2.0脚本应用、ActionScript 3.0脚本应用和商业Flash动画案例等内容。在内容安排上从基础知识出发，由浅入深、循序渐进地讲述Flash动画制作的过程和操作技巧的应用。

本书适用于网页设计人员和Flash动画爱好者，是广大网页设计人员不可多得的速学手册，也可作为高等院校相关专业的教材。

本书配套光盘中提供了书中所有实例的源文件和相关素材，并赠送实用视频教学资源，方便读者学习和参考。

图书在版编目(CIP)数据

Flash CS6动画艺术设计案例教程 / 刘莹　编著. —3版. —北京：清华大学出版社，2015
(高等院校数字艺术设计系列教材)
ISBN 978-7-302-39783-0

Ⅰ.①F⋯　Ⅱ.①刘⋯　Ⅲ.①动画制作软件—高等学校—教材　Ⅳ.①TP391.41

中国版本图书馆CIP数据核字(2015)第077164号

责任编辑：李　磊
封面设计：王　晨
责任校对：邱晓玉
责任印制：何　芊

出版发行：清华大学出版社
　　　　网　　　址：http://www.tup.com.cn，http://www.wqbook.com
　　　　地　　　址：北京清华大学学研大厦A座　　　　邮　　编：100084
　　　　社 总 机：010-62770175　　　　邮　　购：010-62786544
　　　　投稿与读者服务：010-62776969，c-service@tup.tsinghua.edu.cn
　　　　质 量 反 馈：010-62772015，zhiliang@tup.tsinghua.edu.cn
印 装 者：北京亿浓世纪彩色印刷有限公司
经　　销：全国新华书店
开　　本：190mm×260mm　　　　印　张：14.5　　　字　　数：380千字
　　　　（附CD光盘1张）
版　　次：2007年5月第1版　　2015年6月第3版　　　印　　次：2015年6月第1次印刷
印　　数：1～3000
定　　价：58.00元

产品编号：062386-01

Flash CS6 | 前 言

Flash CS6 是著名的 Adobe 公司推出的网页矢量动画制作软件，由于 Flash 所制作出来的动画作品具有图像质量好、体积小和兼容性好等优点，越来越多的人已经把 Flash 作为网页动画设计的首选，其文件格式已成为网页矢量动画文件的标准格式。除此之外，Flash CS6 也是一个集成的程序开发环境，可以让程序和动画完美地结合在一起，创建交互式的 Flash 动画。

本书通过各种精美的案例不仅向读者介绍了 Flash CS6 的强大功能，而且能够帮助读者在较短的时间内轻松掌握 Flash CS6 软件的相关知识。与过去的版本相比，其性能有了很大的提高，而且操作起来更加简便，通过本书的学习，相信能够使读者做到灵活运用。

本书特点与内容安排

本书共分 9 章内容，由浅入深、循序渐进地向读者详细介绍 Flash CS6 的相关功能和操作技巧。本书中实例涉及面广，几乎涵盖了 Flash 动画设计和制作的各个方面，力求让读者通过不同的实例掌握不同的知识点。本书有详细的操作步骤和分解图片，方便读者阅读和练习，其中穿插了大量的提示和注释，让读者了解知识点的应用和一些操作技巧，使读者更容易理解和掌握，方便知识点的记忆。

第 1 章 Flash CS6 快速入门，对 Flash CS6 的基础功能进行介绍，包括软件的安装、启动与退出，文件的打开和关闭等 Flash 的基本操作以及 Flash 动画模板的创建等。

第 2 章 掌握 Flash 绘图功能，本章主要介绍不同绘制图形工具的使用方法以及应用技巧，在 Flash CS6 中绘制大量精美的矢量图形。

第 3 章 制作基础动画，本章主要介绍逐帧动画、补间动画、形状补间动画和传统补间动画这 4 种基础动画，通过实例的制作让读者充分了解这几种动画的区别和制作方法。

第 4 章 制作高级动画，本章主要介绍引导层动画、遮罩动画、骨骼动画和 3D 动画，使用这几种动画可以制作出许多特殊的动画效果和模拟 3D 变换的动画效果。

第 5 章 制作文字与按钮动画，本章主要讲解 Flash 文字动画和各种 Flash 按钮动画。通过本章内容的学习使读者了解不同类型的 Flash 文字动画的设计，以及对 Flash 中各种按钮元件动画的设计。

第 6 章 声音和视频在动画中的应用，本章主要讲解如何在 Flash 动画中加入音效以及插入视频，包括声音和视频在 Flash 软件中的编辑和使用方法，并通过多个实例的制作讲解，帮助读者掌握在 Flash 动画中对声音、视频的使用和控制方法。

第 7 章 ActionScript 2.0 脚本应用，Flash 动画的设计制作离不开 ActionScript 脚本，本章通过多个具有代表性的实例介绍 ActionScript 2.0 中重要函数的使用方法。

第 8 章 ActionScript 3.0 脚本应用，本章主要讲解 ActionScript 3.0 在 Flash 动画中的应用，通过使用 ActionScript 3.0 脚本代码可以实现很多特殊的动画效果。

第 9 章 商业 Flash 动画案例，本章主要通过制作不同类型的 Flash 动画，综合运用和巩固前面所学习的知识，让读者将所学知识应用到实战中。

本书读者对象和作者

本书主要面向 Flash 动画设计制作者，以及想从事 Flash 动画设计工作的读者和各高校相关专业的学生。希望读者通过本书的学习，能够早日成为 Flash 动画设计和制作高手。

本书由刘莹编著，另外解晓丽、孙慧、程雪翮、刘明秀、陈燕、胡丹丹、杨越、王巍、王素梅、王状、赵建新、赵为娟、张农海、聂亚静、邢燕玲、方明进、张陈、田磊等人也参与了部分编写工作。由于作者精力和能力所限，书中难免有疏漏之处，敬请广大读者批评指正。

本书的 PPT 课件请到 http://www.tupwk.com.cn/downpage 下载。

编　者

Flash CS6 | 目录

第1章

Flash CS6

| Flash CS6快速入门

Flash CS6以便捷、完美、舒适的动画编辑环境，深受广大动画制作者的喜爱。本章主要介绍Flash CS6的基本操作，如新建、打开、关闭和保存等，读者在学习的过程中，不仅要了解基本的操作方法，还应该掌握如何快速地进行操作。

| 本章重点

⌖ 安装Flash CS6

⌖ 启动与退出Flash CS6

⌖ 新建和保存Flash文件

⌖ 打开和关闭Flash文件

⌖ 使用Flash模板

实例1　安装Flash CS6

实例 目的

本实例的目的是让大家掌握在Windows操作系统中安装Flash CS6的方法，如图1-1所示为Flash CS6的安装流程图。

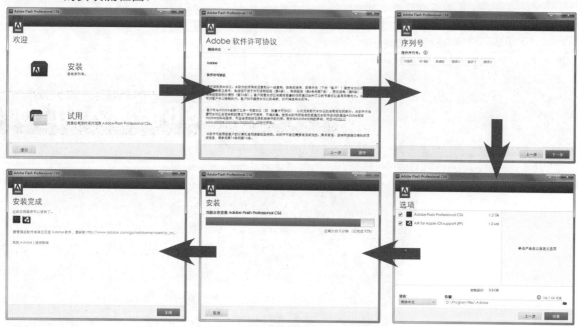

◀ 图1-1　操作流程图

实例 重点

★ 掌握Flash CS6的安装方法

实例 步骤

STEP 1 将Flash CS6的安装光盘放入DVD光驱中，稍等片刻，自动进入初始化安装程序界面，如图1-2所示，初始化完成后会自动进入欢迎界面，可以选择安装或试用，如图1-3所示。

◀ 图1-2　初始化安装程序

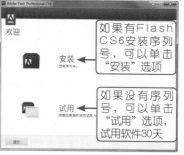

◀ 图1-3　欢迎界面

> **提示**
>
> 如果安装时没有产品的序列号，可以选择"试用"选项。这样不用输入序列号即可安装，可以正常使用软件30天。30天过后则需要再次输入序列号，否则将不能正常使用。

STEP 2 单击"安装"按钮，进入Flash CS6软件许可协议界面，如图1-4所示。单击"接受"按钮，进入序列号界面，如图1-5所示，输入序列号，单击"下一步"按钮。

■ 图1-4 许可协议界面 ■ 图1-5 输入序列号

STEP 3 进入Adobe ID界面，如果不需要输入ID，则单击"下一步"按钮，进入安装选项界面，用户可以勾选需要安装的选项，设置"语言"为"简体中文"，并指定安装路径，如图1-6所示。单击"安装"按钮，进入安装界面，显示安装进度，如图1-7所示。

■ 图1-6 选项界面

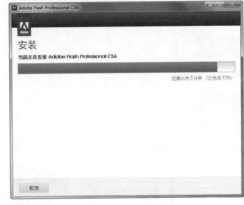

■ 图1-7 安装界面

STEP 4 安装完成后，进入安装完成界面，显示已安装内容，如图1-8所示。单击"关闭"按钮，关闭安装窗口，完成Flash CS6的安装。软件安装结束后，Flash会自动在Windows程序组中添加Flash CS6的快捷方式，如图1-9所示。

■ 图1-8 安装完成界面

■ 图1-9 快捷方式

▌实例2　启动与退出Flash CS6

实例　目的

完成了Flash CS6的安装，接下来就可以启动Flash CS6，本实例的目的是让大家掌握Flash CS6启动与退出的方法，如图1-10所示为启动与退出Flash CS6的流程图。

◀ 图1-10　操作流程图

实例　重点

★　掌握启动Flash CS6的方法　　　　★　掌握退出Flash CS6的方法

实例　步骤

STEP 1　如果需要启动Flash CS6软件，可以执行"开始>所有程序>Adobe>Adobe Flash Professional CS6"命令，如图1-11所示。显示Flash CS6的启动界面，如图1-12所示。

◀ 图1-11　Flash CS6的程序菜单

◀ 图1-12　Flash CS6的启动界面

STEP 2　等待Flash CS6软件初始化完成后，即可进入Flash CS6界面，如图1-13所示。在Flash CS6中还可以对工作区布局进行修改。只需要单击菜单栏右侧的"设计器"按钮 ，在其下拉列表中选择一种布局工作区的布局模式即可，如图1-14所示。不需要重新启动Flash CS6，就可以即时更换工作区布局。

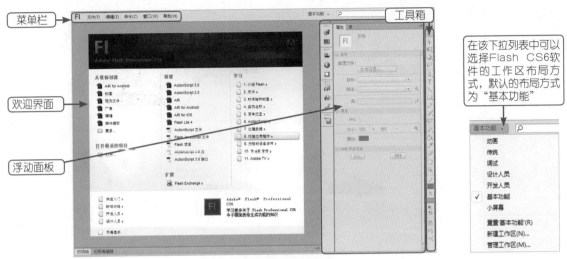

◀ 图1-13 Flash CS6的工作界面　　　　　　　　　◀ 图1-14 "设计器"下拉列表

STEP 3 如果要退出Flash CS6，可以单击Flash CS6软件界面右上角的"关闭"按钮，如图1-15所示，或者是执行"文件>退出"命令，如图1-16所示，同样可以退出Flash CS6软件并关闭Flash CS6软件窗口。

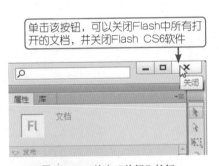

◀ 图1-15 单击"关闭"按钮

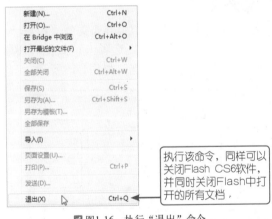

◀ 图1-16 执行"退出"命令

提 示

除了刚介绍的两种退出Flash CS6软件的方法外，还可以双击Flash软件界面左上角的Flash图标 **Fl**，或者在该Flash软件图标上单击，在弹出的菜单中选择"关闭"命令，同样可以退出Flash CS6并关闭Flash CS6软件窗口。

实例3　新建和保存Flash文件

实例　目的

Flash CS6提供了多样化的新建文件的方法，不仅可以方便用户使用，而且可以有效地提高工作效率。本实例的目的是让大家掌握新建和保存Flash文件的方法，如图1-17所示为新建和保存Flash文件的流程图。

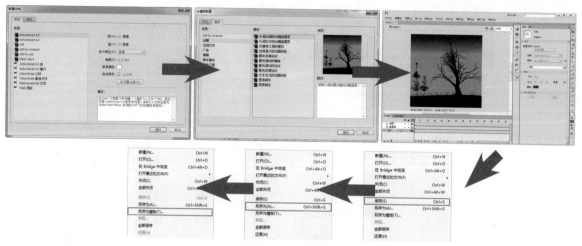

图1-17　操作流程图

实例　重点 🗝

★ 掌握新建空白Flash文档的方法　　　★ 掌握新建Flash模板的方法
★ 掌握多种保存Flash文档的方法　　　★ 掌握将Flash文档保存为模板的方法

实例　步骤 🗝

STEP 1 ▶ 如果需要新建空白的Flash文件，执行"文件>新建"命令，弹出"新建文档"对话框，在该对话框中单击"常规"选项卡，如图1-18所示。选择相应的文档类型后，单击"确定"按钮，即可新建一个空白文档，如图1-19所示。

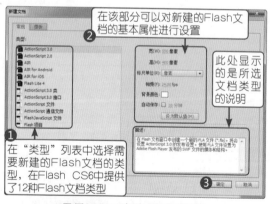

图1-18　"新建文档"对话框

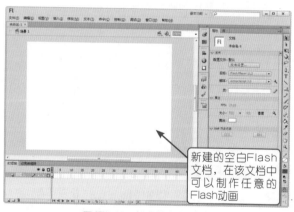

图1-19　新建的空白Flash文档

提示

在Flash CS6中可以新建12种类型的Flash文档，其中最常用的主要是ActionScript 3.0、ActionScript 2.0和"ActionScript文件"3种类型。

★ ActionScript 3.0：表示使用ActionScript 3.0作为脚本语言创建动画文档，生成一个格式为*.fla的文件。

★ ActionScript 2.0：表示使用ActionScript 2.0作为脚本语言创建动画文档，生成一个格式为*.fla的文件。

★ AIR：在Flash文档窗口中创建新的Flash文档（*.fla），发布设置将会设定为用于AIR。

提示

* AIR for Android：表示创建一个Android设备支持的应用程序，将会在Flash文档窗口中创建新的Flash文档（*.fla），该文档将会设置AIR for Android的发布设置。
* AIR for iOS：表示创建一个Apple iOS设备支持的应用程序，将会在Flash文档窗口中创建新的Flash文档（*.fla），该文档将会设置AIR for iOS的发布设置。
* Flash Lite4：表示用于开发可在Flash Lite 4平台上播放的Flash。Flash Lite 4是可以使手机也能流畅播放、运行Flash视频或程序的环境。
* ActionScript 3.0类：可以创建一个AS文件（*.as）来定义一个新的ActionScript 3.0类，ActionScript 3.0允许用户创建自己的类。
* ActionScript 3.0接口：可用于创建一个AS文件（*.as）以定义一个新的ActionScript 3.0接口。
* ActionScript文件：Flash可在"帧"或者"元件"上添加ActionScript脚本代码，也可以选择"ActionScript文件"创建一个ActionScript外部文件以供调用。
* ActionScript通信文件：可以创建一个作用于FMS（Flash Media Server）服务端的ASC（ActionScript Communications）脚本文件。
* Flash JavaScript文件：用于创建一个JSFL文件，JSFL文件是一种作用于Flash编辑器的脚本。
* Flash项目：可以创建Flash项目，单击"确定"按钮，打开"项目"面板，在该面板中可以创建新的Flash项目。

STEP 2 如果需要新建Flash模板文件，可以在"新建文档"对话框中单击"模板"选项卡，如图1-20所示。选择相应的文档类型后，单击"确定"按钮，即可新建Flash模板文件，如图1-21所示。

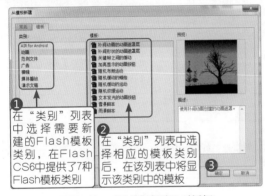

❶ 在"类别"列表中选择需要新建的Flash模板类别，在Flash CS6中提供了7种Flash模板类别

❷ 在"类别"列表中选择相应的模板类别后，在该列表中将显示该类别中的模板

❸

▣ 图1-20　"从模板新建"对话框

▣ 图1-21　新建Flash模板文件

STEP 3 完成Flash文件的制作后，如果想要覆盖之前的Flash文件，只需要执行"文件>保存"命令，如图1-22所示，即可保存该文件，并覆盖相同文件名的文件。如果要将文件压缩、保存到不同的位置，或对其名称进行重新命名，可以执行"文件>另存为"命令，如图1-23所示。

提示

执行"文件>保存"命令保存文件时，Flash会进行一次快速保存，将信息追加到现有文件中。执行"文件>另存为"命令保存文件时，Flash会将新信息安排到文件中，并在磁盘上创建一个更小的文件。

STEP 4 弹出"另存为"对话框，在该对话框中对相关选项进行设置，如图1-24所示，单击"保存"按钮，即可完成对Flash文件的保存。还可以将Flash文件另存为模板，执行"文件>另存为模板"命令，如图1-25所示。

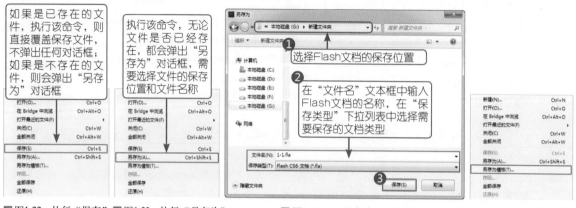

◂ 图1-22 执行"保存" ◂ 图1-23 执行"另存为" ◂ 图1-24 "另存为"对话框 ◂ 图1-25 执行"另存为
命令　　　　　　　　 命令　　　　　　　　　　　　　　　　　　　　　　　　　　　　 模板"命令

STEP 5 弹出"另存为模板警告"对话框，如图1-26所示。单击"另存为模板"按钮，弹出"另存为模板"对话框，如图1-27所示。在该对话框中对相关选项进行设置，单击"保存"按钮，即可将当前Flash文件另存为模板文件。

◂ 图1-26 "另存为模板警告"对话框　◂ 图1-27 "另存为模板"对话框

提　示

将Flash文件另存为模板就是指将该文件使用模板中的格式进行保存，以方便用户以后在制作Flash文件时可以直接进行使用。

提　示

在实际操作过程中，为了节省时间提高工作效率，我们经常使用保存快捷键Ctrl+S或另存为快捷键Ctrl+Shift+S，快速保存或另存为一个Flash文件。

知识 ▸拓展

在开始制作Flash动画之前，首先需要新建Flash文档，还需要对Flash文档的相关属性进行设置，在"新建文档"对话框中就可以对Flash文档的相关属性进行设置，如图1-28所示。如果是已经新建的Flash文档，可以执行"修改>文档"命令，在弹出的"文档设置"对话框中对相关文档属性进行设置，如图1-29所示。

✦ 尺寸：在该文本框中可对动画的尺寸进行设置，系统默认的文档尺寸为550×400像素。

✦ 调整3D透视角度以保留当前舞台投影：如果需要在文档中调整舞台上3D对象的位置和方向，以保持其相对于舞台边缘的外观，可以选中该复选框，默认情况下，该选项为选中状态。

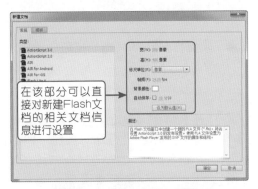

在该部分可以直接对新建Flash文档的相关文档信息进行设置

图1-28　"新建文档"对话框

图1-29　"文档设置"对话框

✦ 以舞台大小缩放内容：选中该复选框，当修改Flash文档的舞台大小时，舞台中的对象也会自动进行缩放以适应新的舞台大小。默认情况下，不选中该选项。

✦ 标尺单位：该选项用来设置动画尺寸的单位值，在该下拉列表中可以选择相应的单位，如图1-30所示。

✦ 背景颜色：单击该选项右侧的色块□，在弹出的"拾色器"窗口中可以选择动画背景的颜色，如图1-31所示，系统默认的背景颜色为白色。

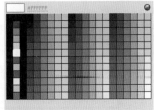

图1-30　"标尺单位"　　图1-31　"拾色器"窗口
下拉列表

✦ 帧频：在该文本框中可输入每秒要显示的动画帧数，帧数值越大，则播放的速度越快，系统所默认的帧频为24fps。

✦ 自动保存：勾选该选项右侧的复选框，可以对自动保存动画文件的时间进行相应设置。

✦ 匹配：在该选项区中可以设置Flash文档的尺寸大小与相应的选项相匹配。如果选择"默认"选项，表示文档的尺寸为设置的文档尺寸大小；如果选择"内容"选项，可以将Flash文档的尺寸大小与舞台内容使用的间距量精确对应；如果选择"打印机"选项，则可以将Flash文档的尺寸大小设置为最大的可用打印区域。

实例4　打开和关闭Flash文件

实例　目的

本实例的目的是让大家掌握打开和关闭Flash文件的方法，这些都是Flash文档的基础操作。如图1-32所示为打开和关闭Flash文件的流程图。

图1-32　操作流程图

实例 重点 ✎

✦ 掌握打开Flash文档的方法   ✦ 掌握打开Flash文档的技巧

✦ 掌握关闭单个和多个Flash文档的方法

实例 步骤 ✎

STEP 1 在Flash CS6中打开Flash文件，可以执行"文件>打开"命令，弹出"打开"对话框，如图1-33所示。在该对话框中选择需要打开的一个或多个文件后，单击"打开"按钮，即可在Flash CS6中打开所选择的文件，如图1-34所示。

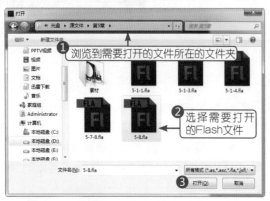

◀ 图1-33 "打开"对话框   ◀ 图1-34 打开Flash文件

提 示

除了通过使用命令打开文件以外，还可以直接拖曳或按快捷键Ctrl+O打开所需文件。如果需要打开最近打开过的文件，执行"文件>打开最近的文件"命令，在菜单项中选择相应文件即可。

STEP 2 执行"文件>关闭"命令，可以关闭当前文件；执行"文件>全部关闭"命令，可以关闭所有在Flash CS6中已打开的文件，如图1-35所示。也可以单击该窗口选项卡上的"关闭"按钮 ⊠，如图1-36所示，或者按快捷键Ctrl+W，关闭当前文件。

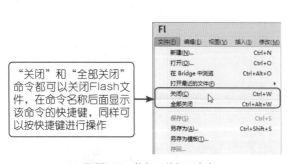

◀ 图1-35 执行"关闭"命令

◀ 图1-36 关闭当前文件

提 示

在关闭文件时，并不会因此而退出Flash CS6，如果既要关闭所有文件又要退出Flash，直接单击Flash CS6软件界面右上角的关闭按钮 ✕ ，退出Flash即可。

实例5 使用模板——快速创建Flash动画

实例 目的

在Flash中使用模板创建新的影片文件，就是根据原有的架构对其中可以编辑的元件进行相应的修改、更换或调整，从而能够方便、快速地制作出精彩的影片。本实例的目的是让大家掌握使用模板快速创建Flash动画的方法。如图1-37所示为使用模板快速创建Flash动画的流程图。

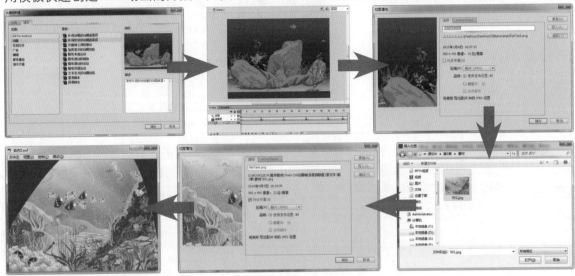

图1-37 操作流程图

实例 重点

★ 掌握使用Flash模板的方法
★ 掌握测试Flash动画的方法

★ 掌握替换Flash位图素材的方法

实例 步骤

STEP 1 执行"文件>新建"命令，在弹出的"新建文档"对话框中单击"模板"选项卡，该对话框则变为"从模板新建"对话框，设置如图1-38所示。单击"确定"按钮，即可创建该模板动画，效果如图1-39所示。

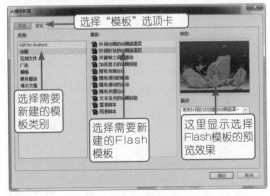

图1-38 "从模板新建"对话框

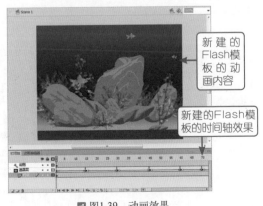

图1-39 动画效果

STEP 2 执行"窗口>库"命令，打开"库"面板，如图1-40所示。双击"fishTank.png"图标，即可弹出"位图属性"对话框，如图1-41所示。

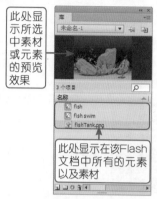

此处显示所选中素材或元素的预览效果

此处显示在该Flash文档中所有的元素以及素材

◀ 图1-40　"库"面板

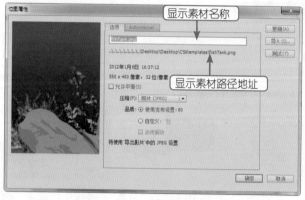

显示素材名称

显示素材路径地址

◀ 图1-41　"位图属性"对话框

STEP 3 单击"导入"按钮，在弹出的"导入位图"对话框中选择相应的素材图片，如图1-42所示。单击"打开"按钮，返回到"位图属性"对话框中，勾选"允许平滑"复选框，如图1-43所示。

选择需要导入的素材文件

◀ 图1-42　"导入位图"对话框

选中该复选框，可以平滑素材的边缘

◀ 图1-43　"位图属性"对话框

STEP 4 单击"确定"按钮，可以看到动画模板的效果，如图1-44所示。执行"文件>保存"命令，保存到"光盘\源文件\第1章\实例5.fla"，按快捷键Ctrl+Enter，即可测试动画的效果，如图1-45所示。

替换了Flash动画的背景图像素材，可以看到Flash动画的效果

◀ 图1-44　模板效果

◀ 图1-45　测试动画

第2章

Flash CS6

掌握Flash绘图功能

对于相关的绘图功能，Flash CS6进行了升级和加强，使得其绘图功能变得更加强大，不仅可以自由创建和修改图形，还能够自由绘制出需要的线条或路径，并且可以进行填充。当用户对单纯绘制出来的图形效果不太满意时，还可以导入位图进行处理，使绘制的效果更加美观。本章将带领读者绘制各种各样的精美图形，来详细讲解Flash的绘图功能和技巧。

本章重点

实例6　使用椭圆工具——绘制苹果 🔍

实例　目的

本实例的目的是让大家掌握"椭圆工具"的使用方法。"椭圆工具"可以创建各种比例的椭圆形，也可以绘制各种比例的圆形，操作起来较简单。如图2-1所示是绘制苹果的流程图。

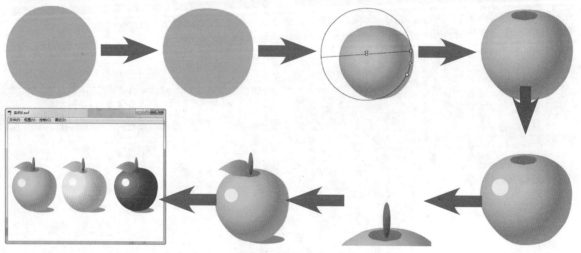

◀ 图2-1　操作流程图

实例　重点

★　掌握"椭圆工具"的使用　　　　　★　掌握渐变颜色的设置

实例　步骤

STEP 1 执行"文件>新建"命令，弹出"新建文档"对话框，设置如图2-2所示，单击"确定"按钮，新建文档。使用"椭圆工具"，设置"笔触颜色"为无，"填充颜色"为任意颜色，在舞台中绘制一个正圆形，如图2-3所示。

◀ 图2-2　"新建文档"对话框

使用"椭圆工具"，按住Shift键拖动鼠标，在舞台中绘制正圆形

◀ 图2-3　绘制正圆形

> **提　示**
>
> 在使用"椭圆工具"绘制时，按住Alt键以单击点为中心进行绘制，按住Shift键可以绘制出正圆形，如果同时按住Alt+Shift键，则以单击点为中心向四周绘制正圆形。

STEP 2 使用"选择工具"对所绘制的正圆形形状进行调整，如图2-4所示。选中图形，在"颜色"面板中设置"填充"颜色为径向渐变，得到渐变填充的效果，如图2-5所示。

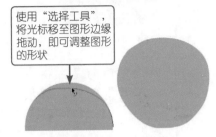

使用"选择工具"，将光标移至图形边缘拖动，即可调整图形的形状

◀ 图2-4　调整图形轮廓

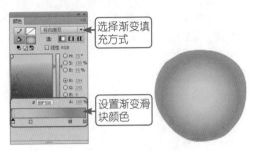

选择渐变填充方式

设置渐变滑块颜色

◀ 图2-5　设置渐变色

STEP 3▶ 使用"渐变变形工具"，调整图形的渐变中心点和渐变范围，如图2-6所示。新建"图层2"，使用"椭圆工具"，设置"填充颜色"为#468901，"笔触颜色"为无，在舞台中绘制椭圆形，如图2-7所示。

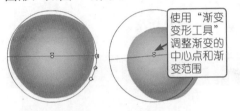

使用"渐变变形工具"调整渐变的中心点和渐变范围

◀ 图2-6　调整渐变

◀ 图2-7　绘制椭圆形

提　示

对于填充完成的渐变效果，可以使用"渐变变形工具"调整渐变的范围、角度等效果，以达到更自然的图形渐变效果。

STEP 4▶ 新建"图层3"，使用"椭圆工具"，设置"填充颜色"为#FEFD92，在舞台中绘制椭圆形，如图2-8所示。新建"图层4"，使用"椭圆工具"，在舞台中绘制椭圆形，为该椭圆形填充线性渐变，并使用"渐变变形工具"调整渐变填充效果，如图2-9所示。

◀ 图2-8　绘制椭圆形

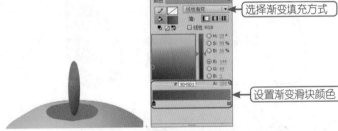

选择渐变填充方式

设置渐变滑块颜色

◀ 图2-9　绘制椭圆形并设置渐变

STEP 5▶ 新建"图层5"，使用"钢笔工具"绘制树叶图形，为该图形填充径向渐变，并调整渐变填充效果，如图2-10所示。新建"图层6"，使用"椭圆工具"，设置"填充颜色"为#999999，"笔触颜色"为无，在舞台中绘制椭圆形，将"图层6"调整至所有图层下方，如图2-11所示。

选择渐变填充方式

设置渐变滑块颜色

◀ 图2-10　绘制树叶并填充径向渐变

通过调整图层叠放顺序，将苹果阴影放置在最下层

◀ 图2-11　绘制阴影图形

STEP 6 使用相同的绘制方法，可以绘制出其他不同颜色的苹果图形，如图2-12所示。执行"文件>保存"命令，将文件保存为"光盘\源文件\第2章\实例6.fla"，按快捷键Ctrl+Enter，测试动画效果，如图2-13所示。

提 示

"椭圆工具"和"基本椭圆工具"在使用方法上基本相同，不同的是，使用"椭圆工具"绘制的图形是形状，只能使用编辑工具进行修改；使用"基本椭圆工具"绘制的图形可以在"属性"面板中直接修改其基本属性，在完成基本椭圆的绘制后，也可以使用"选择工具"对基本椭圆的控制点进行拖动改变其形状。

图2-12 绘制其他颜色的苹果   图2-13 测试动画效果

实例7 使用线条工具——绘制茄子

实例 目的

本实例的目的是让大家掌握"线条工具"的使用。"线条工具"主要用来绘制直线和斜线的几何绘制工具，"线条工具"所绘制的不封闭的直线和斜线，其由两点确定一条线。如图2-14所示是绘制茄子的流程图。

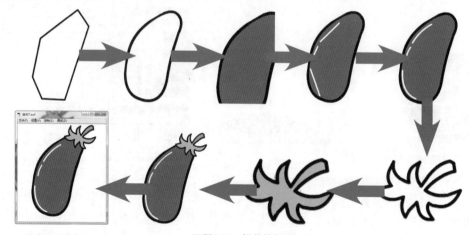

图2-14 操作流程图

实例 重点

★ 掌握"线条工具"的使用   ★ 设置"线条"属性
★ 掌握线条轮廓的调整

实例 步骤

STEP 1 执行"文件>新建"命令，弹出"新建文档"对话框，设置如图2-15所示，单击"确定"按钮，新建文档。使用"线条工具"，在"属性"面板中设置"笔触颜色"为黑色，"笔触高度"为5，绘制茄子的轮廓，如图2-16所示。

◀ 图2-15 "新建文档"对话框

线条只有笔触颜色，没有填充颜色。在"属性"面板中可以设置颜色、样式等

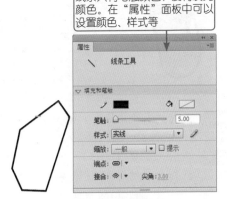

◀ 图2-16 绘制茄子轮廓

> **提示**
>
> 使用"线条工具"依次绘制，线条会自动接在一起，从而实现一种封闭的路径效果。可以使用"颜料桶工具"为该路径填充颜色。

STEP 2 使用"选择工具"，可以对线条构成的路径进行调整，如图2-17所示。使用"颜料桶工具"，设置"填充颜色"为#9900CC，在路径中单击填充颜色，如图2-18所示。

STEP 3 新建"图层2"，使用"线条工具"，在"属性"面板中设置"笔触颜色"为白色，"笔触高度"为5，如图2-19所示。在舞台中拖动鼠标绘制多个线条，如图2-20所示。

使用"选择工具"，将光标移至线条边缘拖动鼠标，即可调整形状，使线条更加平滑

使用"颜料桶工具"在路径内部单击，即可为路径填充颜色

笔触颜色

笔触高度即笔触粗细

绘制多条直线

◀ 图2-17 调整线条轮廓

◀ 图2-18 填充颜色

◀ 图2-19 设置"属性"面板

◀ 图2-20 绘制线条

> **提示**
>
> 在使用"线条工具"绘制直线时，需要注意的是，"线条工具"不支持"填充颜色"的使用，默认情况下只能对"笔触颜色"进行设置。按住Shift键可以拖曳出水平、垂直或者45°角的直线效果。

STEP 4 使用"选择工具"，对刚刚绘制的线条进行调整，如图2-21所示。新建"图层3"，使用"钢笔工具"，在"属性"面板中设置"笔触颜色"为黑色，"填充颜色"为无，"笔触高度"为5，如图2-22所示。

STEP 5 在舞台中绘制路径，如图2-23所示。设置"填充颜色"为#00CC00，使用"颜料桶工具"，在刚刚绘制的路径中单击填充颜色，如图2-24所示。

图2-21　调整线条轮廓　　图2-22　设置"属性"面板　　图2-23　绘制路径图形　　图2-24　填充颜色

STEP 6　使用"选择工具"，选中部分图形，如图2-25所示。设置"填充颜色"为#009900，修改所选中图形的颜色，如图2-26所示。

STEP 7　使用"选择工具"，选中叶子图形，将该图形移至合适的位置，如图2-27所示。执行"文件>保存"命令，将文件保存为"光盘\源文件\第2章\实例7.fla"，按快捷键Ctrl+Enter，测试动画效果，如图2-28所示。

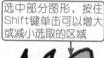

图2-25　选中部分图形　　图2-26　更改颜色　　图2-27　调整图形位置　　图2-28　测试动画效果

实例8　使用基本矩形工具——绘制特殊形状图形

实例　目的

　　本实例的目的是让大家掌握"基本矩形工具"的使用。"基本矩形工具"是几何形状绘制工具，用于创建各种比例的矩形，也可以绘制出各种比例的正方形。如图2-29所示是绘制特殊形状图形的流程图。

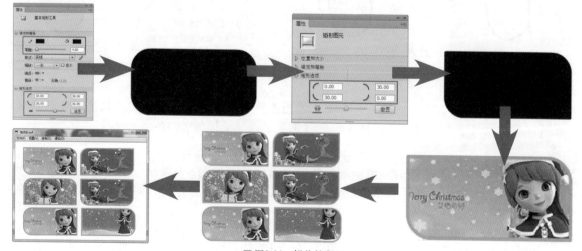

图2-29　操作流程图

实例 重点

★ 掌握"基本矩形工具"的使用　　★ 掌握圆角半径的设置

★ 掌握位图填充的方法

实例 步骤

STEP 1 执行"文件>新建"命令，弹出"新建文档"对话框，设置如图2-30所示，单击"确定"按钮，新建文档。使用"基本矩形工具"，在"属性"面板中设置"矩形边角半径"为30，如图2-31所示。

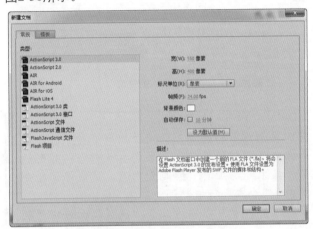

图2-30　"新建文档"对话框

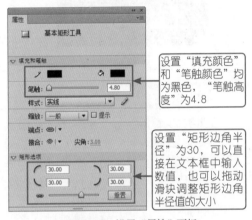

设置"填充颜色"和"笔触颜色"均为黑色，"笔触高度"为4.8

设置"矩形边角半径"为30，可以直接在文本框中输入数值，也可以拖动滑块调整矩形边角半径值的大小

图2-31　设置"属性"面板

STEP 2 在舞台中拖动鼠标绘制圆角矩形，如图2-32所示。使用"选择工具"，选中刚绘制的圆角矩形，在"属性"面板中对"矩形选项"进行设置，如图2-33所示。

图2-32　绘制圆角矩形

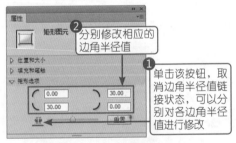

② 分别修改相应的边角半径值

① 单击该按钮，取消边角半径值链接状态，可以分别对各边角半径值进行修改

图2-33　设置"矩形选项"

提示

如果想要绘制固定大小的矩形，可以在选择"基本矩形工具"之后，按住Alt键的同时单击舞台区域，就会弹出"基本矩形工具设置"对话框，在该对话框中可以设置矩形的高度、宽度、矩形边角的圆角半径，以及是否需要从中心绘制矩形。使用"基本矩形工具"时，按住Shift键拖动鼠标，即可得到正方形，拖动时按上下键可以调整圆角半径。

STEP 3 完成选项的设置后，可以看到舞台中圆角矩形的效果，如图2-34所示。选中该图形，打开"颜色"面板，设置"笔触颜色"为#FF99CC，"填充颜色"为"位图填充"，弹出"导入到库"对话框，选择需要导入的位图，如图2-35所示。

图2-34　调整圆角矩形

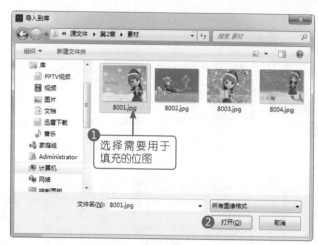

① 选择需要用于填充的位图

② 打开(O)

图2-35　选择需要导入的位图

提 示

"基本矩形工具"与"矩形工具"最大的区别在于圆角的设置，使用"矩形工具"时，当一个矩形已经绘制完成之后，是不能对矩形的角度重新设置的，如果想要改变当前矩形的角度，则需要重新绘制一个矩形，而在使用"基本矩形工具"绘制矩形时，完成矩形绘制之后，可以使用"选择工具"对基本矩形四周的任意点进行拖动调整。

除了使用"选择工具"拖动控制点更改角半径以外，也可以通过改变"属性"面板中"矩形选项"文本框里面的数值进行调整，还可以拖动文本框下方区域的滑块进行调整，当滑块为选中状态时，按住键盘上的上方向键或下方向键可以快速调整角半径，文本框中的数值和滑块的位置始终是一致的。

STEP 4 单击"确定"按钮，导入位图，"颜色"面板如图2-36所示。完成位图填充的设置，可以看到舞台中图形的效果，如图2-37所示。

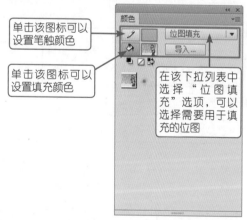

单击该图标可以设置笔触颜色

单击该图标可以设置填充颜色

在该下拉列表中选择"位图填充"选项，可以选择需要用于填充的位图

图2-36　"颜色"面板

笔触颜色

位图填充

图2-37　图形效果

STEP 5 使用相同的制作方法，可以绘制出其他类似图形，如图2-38所示。执行"文件>保存"命令，将文件保存为"光盘\源文件\第2章\实例8.fla"，按快捷键Ctrl+Enter，测试动画效果，如图2-39所示。

图2-38 绘制类似的图形

图2-39 测试Flash动画效果

实例9 使用多角星形工具——绘制小鸡 🔍 ➡️

实例 目的 ✏️

本实例的目的是让大家掌握"多角星形工具"的使用。"多角星形工具"也是几何形状绘制工具，通过设置所绘制图形的边数、星形顶点数（3～32）和星形顶点的大小，可以创建出各种比例的多边形，也可以创建出各种比例的星形。如图2-40所示是绘制小鸡的流程图。

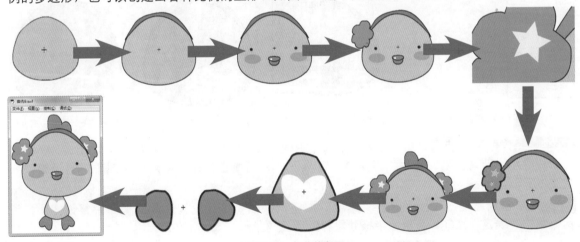

图2-40 操作流程图

实例 重点 ✏️

⭐ 掌握"多角星形工具"的使用

⭐ 创建新元件

⭐ 设置"多角星形工具"的属性

实例 步骤 ✏️

STEP 1 执行"文件>新建"命令，弹出"新建文档"对话框，设置如图2-41所示，单击"确定"按钮，新建文档。执行"插入>新建元件"命令，新建"名称"为"头部"的"图形"元件，如图2-42所示。

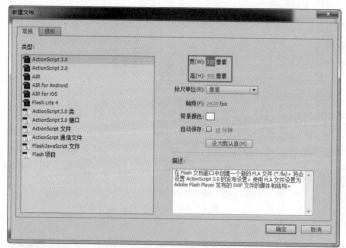

图2-41 "新建文档"对话框

图2-42 "创建新元件"对话框

输入元件名称

选择元件类型

STEP 2 使用"钢笔工具"，设置"笔触颜色"为#4C0812，在舞台中绘制路径，如图2-43所示。使用"颜料桶工具"，设置"填充颜色"为#F9C82C，在路径中单击填充颜色，如图2-44所示。

STEP 3 新建"图层2"，使用"钢笔工具"，在舞台中绘制路径并填充颜色为#C46191，如图2-45所示。使用"钢笔工具"和"椭圆工具"，完成小鸡表情的绘制，如图2-46所示。

使用"钢笔工具"在舞台中绘制路径，也可以先绘制椭圆形，再对椭圆形进行调整，得到需要的图形

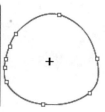

使用"颜料桶工具"在路径内部单击，即可为路径填充颜色

图2-43 绘制路径

图2-44 填充颜色

图2-45 绘制路径并填色

图2-46 绘制小鸡表情

STEP 4 新建图层，使用"钢笔工具"在舞台中绘制路径，并对路径填充颜色为#E575A6，如图2-47所示。新建图层，使用"多角星形工具"，在"属性"面板中对相关属性进行设置，如图2-48所示。

STEP 5 单击"属性"面板下方的"选项"按钮，弹出"工具设置"对话框，设置如图2-49所示。单击"确定"按钮，在舞台中拖动鼠标绘制五角星形，如图2-50所示。

设置"笔触颜色"为无，"填充颜色"为白色

单击"选项"按钮，可以弹出"工具设置"对话框，对多边形工具进行设置

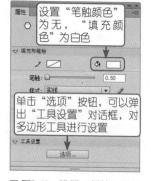

在"样式"下拉列表中可以选择需要绘制的是多边形还是星形

在舞台中拖动鼠标即可绘制出所设置的多边形或星形，按住Shift键拖动鼠标，可以绘制出正多边形或星形

图2-47 绘制路径并填色

图2-48 设置"属性"面板

图2-49 "工具设置"对话框

图2-50 绘制五角星形

提示

"边数"选项用来设置多角星形的边数，直接在文本框中输入一个3～32之间的数值，即可绘制出不同边数的多角星形。"星形顶点大小"选项用来指定星形顶点的深度，在文本框中输入一个0～1之间的数字，即可绘制出不同顶点大小的多角星形，数字越接近0，创建出的顶点越尖。

STEP 6 ▶ 使用相同的制作方法，可以再绘制出一个五角星形，选中多个图形，如图2-51所示。执行"修改>组合"命令，组合图形，如图2-52所示。

STEP 7 ▶ 复制该组合图形，新建图层，粘贴并移至合适的位置，再调整图层的叠放顺序，如图2-53所示。新建图层，使用"钢笔工具"，在舞台中绘制路径，并为路径填充颜色为#E66D5D，调整图层的叠放顺序，如图2-54所示。

◀ 图2-51　选中多个图形　　◀ 图2-52　组合图形　　◀ 图2-53　图形效果　　◀ 图2-54　图形效果

STEP 8 ▶ 使用相同的绘制方法，可以完成小鸡身体和脚的绘制，如图2-55所示。返回"场景1"编辑状态，将"脚"元件从"库"面板拖入到舞台中，调整到合适的大小和位置，如图2-56所示。

STEP 9 ▶ 使用相同的制作方法，依次拖入"身体"和"头部"元件，并分别调整到合适的大小和位置，如图2-57所示。执行"文件>保存"命令，将文件保存为"光盘\源文件\第2章\实例9.fla"，按快捷键Ctrl+Enter，测试动画效果，如图2-58所示。

◀ 图2-55　绘制出其他图形　　◀ 图2-56　拖入元件　　◀ 图2-57　拖入元件　　◀ 图2-58　测试动画效果

実例10　使用平滑功能——绘制小黑猫　🔍　➡

実例 ▶ 目的 ✍

　　本实例的目的是让大家掌握平滑功能的运用。"平滑"按钮用来简化选定的曲线，如绘制一些粗糙的图形，可以使用"平滑工具"让图形更加平滑和精确。如图2-59所示是绘制小黑猫的流程图。

◀ 图2-59　操作流程图

✦ 运用平滑功能　　　　　　　✦ 使用"添加锚点工具"添加锚点
✦ 调整图层排列顺序

实例　步骤 ✎

STEP 1 执行"文件>新建"命令，弹出"新建文档"对话框，设置如图2-60所示，单击"确定"
按钮，新建文档。使用"矩形工具"，设置"笔触颜色"为无，"填充颜色"为#F7C684，在舞
台中绘制矩形，如图2-61所示。

◀ 图2-60　"新建文档"对话框

◀ 图2-61　绘制矩形

提示

如果想要绘制固定大小的矩形，可以在选择"矩形工具"之后，按住Alt键的同时单击舞
台区域，就会弹出"矩形设置"对话框，在该对话框中可以设置矩形的高度、宽度、矩形
边角的圆角半径以及是否需要从中心绘制矩形。使用"矩形工具"时，按住Shift键拖动鼠
标，即可得到正方形，拖动时按上下键可以调整圆角半径。

STEP 2 ▶ 使用"添加锚点工具",在刚绘制的矩形边缘单击添加锚点,如图2-62所示。使用"部分选取工具",对所添加的锚点分别进行调整,如图2-63所示。

STEP 3 ▶ 使用相同的绘制方法,绘制不同颜色的矩形,并对矩形的形状进行调整,如图2-64所示。新建图层,使用"钢笔工具"在舞台中绘制大树的路径,为路径填充颜色#AB9785,并将路径轮廓删除,如图2-65所示。

通过为基础图形添加锚点,并对锚点进行调整,可以轻松得到更复杂的图形

◀ 图2-62 添加锚点

使用"部分选取工具"和"转换点工具"相结合拖动锚点,对锚点进行调整,从而改变整个矩形的效果

◀ 图2-63 调整图形

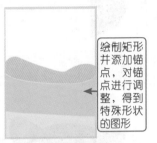

绘制矩形并添加锚点,对锚点进行调整,得到特殊形状的图形

◀ 图2-64 绘制图形

使用"颜料桶工具"在路径内部单击,即可为路径填充颜色

◀ 图2-65 绘制树干

提 示

使用"钢笔工具"绘制完成的路径是由许多锚点组成的,适当地删除曲线路径上不必要的锚点,可以优化曲线,使曲线变得平滑,并且可以减小Flash文件的大小。

STEP 4 ▶ 新建图层,使用"椭圆工具",设置"填充颜色"为#F1F28F,"笔触颜色"为无,在舞台中绘制椭圆形,调整图层叠放顺序,如图2-66所示。使用相同的绘制方法,可以绘制出其他图形效果,如图2-67所示。

STEP 5 ▶ 执行"插入>新建元件"命令,新建"名称"为"头"的"图形"元件,如图2-68所示。使用"椭圆工具",设置"填充颜色"为黑色,"笔触颜色"为无,在舞台中绘制椭圆形,如图2-69所示。

将椭圆形所在图层移至树干所在图层的下方

◀ 图2-66 绘制椭圆形

◀ 图 2-67 绘制大树

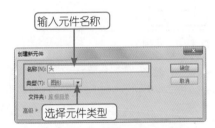

输入元件名称

选择元件类型

◀ 图2-68 "创建新元件"对话框

◀ 图 2-69 绘制椭圆形

提 示

在制作Flash动画时,图层的顺序很重要。图层的顺序决定了位于该图层上的对象或元件是覆盖其他图层的内容,还是被其他图层上的内容覆盖。因此改变图层的排列顺序,也就改变了图层上的对象或元件与其他图层中的对象或元件在视觉上的表现形式。

STEP 6 ▶ 使用"选择工具",对刚刚绘制的椭圆形进行调整,如图2-70所示。选中图形,单击工具箱中的"平滑"按钮,使该图形的路径边缘更加平滑,如图2-71所示。

STEP 7 ▶ 使用"线条工具",在舞台中绘制直线,使用"选择工具",将刚绘制的直线调整为曲线，如图2-72所示。使用相同的绘制方法，可以绘制出右侧的图形，使用"颜料桶工具"为刚绘制的路径内容填充黑色，并将路径轮廓删除，如图2-73所示。

使用"选择工具"对椭圆形进行调整后，许多边缘路径并不平滑，影响外观效果

运用"平滑"功能使图形路径更加平滑和精确

使用"选择工具"在所绘制的直线边缘拖动，即可将直线调整为曲线

◀图2-70　调整图形　　　◀图2-71　平滑路径　　　◀图2-72　调整直线　　　◀图2-73　填充颜色

STEP 8 使用"刷子工具"，设置"填充颜色"为黑色，在舞台中绘制胡须效果，如图2-74所示。新建图层，使用"椭圆工具"，绘制出眼睛和鼻子图形，如图2-75所示。

◀图2-74　绘制胡须　　　　　　◀图2-75　绘制眼睛和鼻子

STEP 9 执行"插入>新建元件"命令，新建"名称"为"躯干"的"图形"元件，如图2-76所示。使用"钢笔工具"，在舞台中绘制卡通猫的躯干路径，为路径填充黑色，并将路径轮廓删除，如图2-77所示。

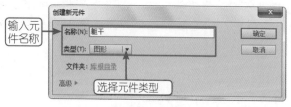
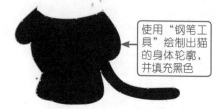

输入元件名称

选择元件类型

使用"钢笔工具"绘制出猫的身体轮廓，并填黑色

◀图2-76　创建新元件　　　　　　◀图2-77　绘制图形躯干

STEP10 使用"线条工具"，设置"笔触颜色"为白色，在舞台中绘制线条，使用"选择工具"对线条进行调整，如图2-78所示。新建图层，使用"椭圆工具"，设置"填充颜色"为#008FDC，"笔触颜色"为无，在舞台中绘制椭圆形，如图2-79所示。

使用"线条工具"绘制白色直线，使用"选择工具"将直线调整为曲线

◀图2-78　绘制线条　　　　　　◀图2-79　绘制椭圆形

STEP11 返回"场景1"编辑状态，新建"图层2"，分别将"躯干"和"头"元件从"库"面板拖入到舞台中，并分别调整到合适的大小和位置，如图2-80所示。执行"文件>保存"命令，将文件保存为"光盘\源文件\第2章\实例10.fla"，按快捷键Ctrl+Enter，测试动画效果，如图2-81所示。

◀ 图2-80　拖入元件　　◀ 图2-81　测试动画效果

实例11　使用钢笔工具——绘制长颈鹿　🔍

实例 目的

本实例的目的是让大家掌握"钢笔工具"的使用。"钢笔工具"属于手绘工具，手动绘制路径可以创建直线或曲线，通过"钢笔工具"可以绘制出很多不规则的图形，也可以调整直线的长短及曲线段的斜率，是一种比较灵活的形状创建工具。如图2-82所示是绘制长颈鹿的流程图。

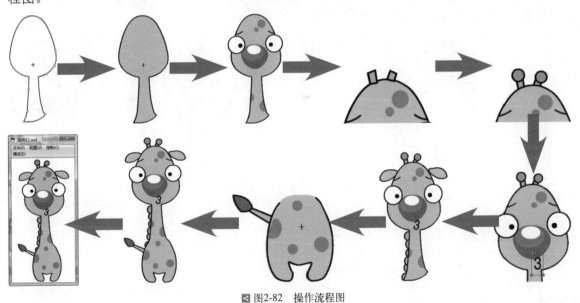

◀ 图2-82　操作流程图

实例 重点

★　掌握"钢笔工具"的使用　　　　★　掌握"文本工具"的使用

实例 步骤

STEP 1　执行"文件>新建"命令，弹出"新建文档"对话框，设置如图2-83所示，单击"确定"按钮，新建文档。执行"插入>新建元件"命令，新建"名称"为"头部"的"图形"元件，如

图2-84所示。

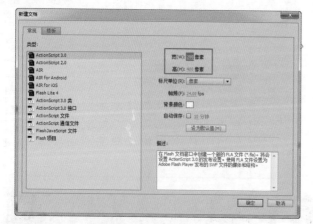

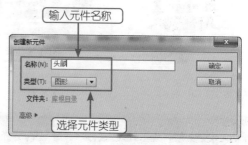

输入元件名称

选择元件类型

◀ 图2-83　"新建文档"对话框

◀ 图2-84　"创建新元件"对话框

STEP 2 使用"钢笔工具"，设置"笔触颜色"为黑色、"笔触高度"为1，在舞台中绘制长颈鹿的头部和颈部路径，如图2-85所示。使用"颜料桶工具"，为刚绘制的路径填充颜色#FAC826，如图2-86所示。

STEP 3 新建图层，使用"椭圆工具"绘制图形，并使用"选择工具"进行图形调整，效果如图2-87所示。使用"线条工具"，设置"笔触颜色"为黑色、"笔触高度"为1，绘制线条，使用"选择工具"调整线条弧度，如图2-88所示。

使用"颜料桶工具"在路径内部单击，即可为路径填充颜色

使用"椭圆工具"，设置不同的"填充颜色"和"笔触颜色"，在舞台中绘制椭圆形，并且对部分椭圆形进行调整

使用"线条工具"，在舞台中绘制直线，并使用"选择工具"将直线调整为曲线

◀ 图2-85　绘制路径　　◀ 图2-86　填充颜色　　◀ 图2-87　图形效果　　◀ 图2-88　绘制线条

提　示

当使用"钢笔工具"单击并拖曳时，曲线点上会出现延伸出去的切线，这是贝塞尔曲线所特有的手柄，拖曳它可以控制曲线的弯曲程度。

STEP 4 新建图层，使用"钢笔工具"绘制路径，并填充颜色为#7BBD48，如图2-89所示。将该图层调整到所有图层下方，如图2-90所示。

将不同的图形分别放置在不同的图层中，通过调整图层的叠放顺序，可以轻松调整图形的效果

◀ 图2-89　绘制图形　　　　　　◀ 图2-90　调整图层

> **提 示**
>
> 完成路径绘制的方法除了双击鼠标之外，还有很多方法可以使用。例如，将"钢笔工具"放置到第一个锚记点上单击或拖曳可以闭合路径，按住Ctrl键在路径外单击，或者单击工具箱中的其他工具，都可以完成路径的绘制。按住Shift键拖动鼠标可以将曲线倾斜角限制为45°角的倍数。

STEP 5 使用"椭圆工具"，设置"笔触颜色"为黑色，"笔触高度"为1，"填充颜色"为#EE8D31，在舞台中绘制正圆形，如图2-91所示。新建图层，使用"文本T工具"，在"属性"面板中对文本的相关属性进行设置，如图2-92所示。

STEP 6 在舞台中单击并输入文字，如图2-93所示。使用"任意变形工具"，旋转文本框，如图2-94所示。

◀ 图2-91 图形效果 ◀ 图2-92 "属性"面板 ◀ 图2-93 输入文字 ◀ 图2-94 旋转文本框

> **提 示**
>
> 使用"文本工具"，在舞台中单击鼠标所创建的文本框中输入文字时，输入框的宽度不固定，它会随着用户所输入的文本的长度自动扩展。如果需要换行，按Enter键即可。

STEP 7 新建图层，使用相同的方法绘制类似图形，如图2-95所示。执行"插入>新建元件"命令，新建"名称"为"躯干"的"图形"元件，如图2-96所示。

STEP 8 使用"钢笔工具"，在舞台中绘制路径，为刚绘制的路径填充颜色#FAC826，如图2-97所示。使用"选择工具"，选中部分轮廓，如图2-98所示。

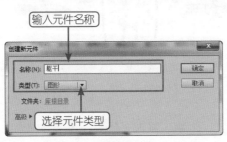

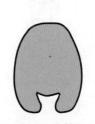

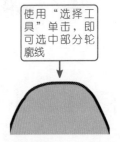

◀ 图2-95 图形效果 ◀ 图2-96 "创建新元件"对话框 ◀ 图2-97 绘制图形 ◀ 图2-98 选中部分图形

STEP 9 按Delete键，删除选中的轮廓，如图2-99所示。使用"椭圆工具"和"钢笔工具"绘制其他装饰图形，如图2-100所示。

STEP10 返回"场景1"编辑状态，将元件拖入到舞台中，并调整图层的顺序，完成卡通长颈鹿的绘制，如图2-101所示。执行"文件>保存"命令，将文件保存为"光盘\源文件\第2章\实例11.fla"，按快捷键Ctrl+Enter，测试动画效果，如图2-102所示。

◀ 图2-99　删除部分轮廓　　　◀ 图2-100　绘制图形　　　◀ 图2-101　拖入元件　　　◀ 图2-102　测试动画效果

实例12　使用刷子工具——绘制宠物小猫 🔍

实例　目的 ✍

　　本实例的目的是让大家掌握"刷子工具"的使用。"刷子工具"可以绘制出类似钢笔、毛笔和水彩笔的封闭形状，也可以制作出书法等效果。"刷子工具"的使用方法很简单，只需要单击工具箱中的"刷子工具"按钮，在舞台中任意位置单击，拖曳鼠标到合适的位置后，释放鼠标即可完成所绘制的图形。如图2-103所示是绘制宠物小猫流程图。

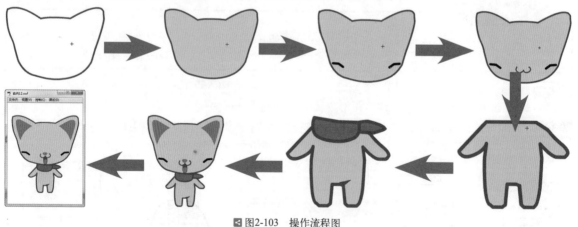

◀ 图2-103　操作流程图

实例　重点 ✍

　　★　掌握"刷子工具"的使用　　　　★　掌握"钢笔工具"的使用

实例　步骤 ✍

STEP 1 执行"文件>新建"命令，弹出"新建文档"对话框，设置如图2-104所示，单击"确定"按钮，新建文档。新建"名称"为"头部"的"图形"元件，如图2-105所示。

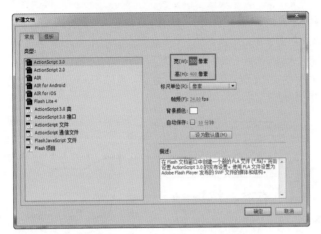

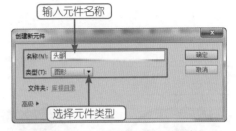

图2-104 "新建文档"对话框　　　　图2-105 "创建新元件"对话框

STEP 2 使用"钢笔工具"，设置"笔触颜色"为#BF0000，绘制图形路径，如图2-106所示。使用"颜料桶工具"，为刚绘制的轮廓路径填充颜色#FFC7E6，如图2-107所示。

STEP 3 新建图层，使用"钢笔工具"绘制图形，如图2-108所示。使用"刷子工具"，设置"填充颜色"为#BF0000，在舞台中拖动鼠标绘制图形，如图2-109所示。

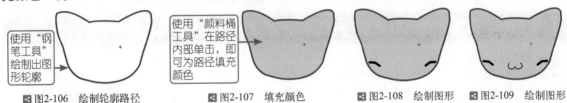

图2-106 绘制轮廓路径　　　图2-107 填充颜色　　　图2-108 绘制图形　　　图2-109 绘制图形

提 示

在Flash中，"刷子工具"和"铅笔工具"绘制图形的方法非常相似，不同的是，使用"刷子工具"所绘制出的是一个封闭的填充形状，可以设置它的填充颜色，而使用"铅笔工具"绘制出的则是笔触。

提 示

在Flash CS6中提供了一系列大小不同的刷子尺寸，单击工具箱中的"刷子工具"按钮，后，在工具箱的底部就会出现附属工具选项区，在"刷子大小"下拉列表中可以选择刷子的大小。工具箱底部的选项区中还有一个"刷子形状"选项按钮，在该选项的下拉列表中可以选择刷子的形状，包括直线线条、矩形、圆形、椭圆形等。

STEP 4 使用相同的绘制方法，使用"椭圆工具"和"钢笔工具"可以绘制出其他图形，如图2-110所示。执行"插入>新建元件"命令，新建"名称"为"身体"的"图形"元件，如图2-111所示。

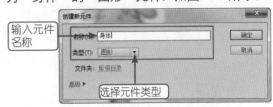

图2-110 绘制图形　　　　　图2-111 "创建新元件"对话框

STEP 5 使用"钢笔工具"，绘制出小猫身体轮廓，并填充颜色，如图2-112所示。使用相同的绘制方法，可以绘制出围巾的图形效果，如图2-113所示。

STEP 6 返回"场景1"编辑状态，将元件拖入到场景中，并分别调整到合适的位置，如图2-114所示。执行"文件>保存"命令，将文件保存为"光盘\源文件\第2章\实例12.fla"，按快捷键Ctrl+Enter，测试动画效果，如图2-115所示。

使用"钢笔工具"绘制出身体轮廓，并填充颜色

分别拖入"头部"和"身体"元件，并分别调整到合适的大小和位置，注意比例的协调

◀ 图2-112 绘制图形   ◀ 图2-113 绘制图形   ◀ 图2-114 拖入元件   ◀ 图2-115 测试动画效果

实例13　图形的透明度设置——绘制光芒背景图 🔍 ➡

实例　目的

本实例的目的是让大家掌握图形的透明度设置。通过对图形透明度的设置，可以实现许多效果，例如高光、高亮等，并且能够更好地体现出图形的层次感。如图2-116所示是绘制光芒背景图的流程图。

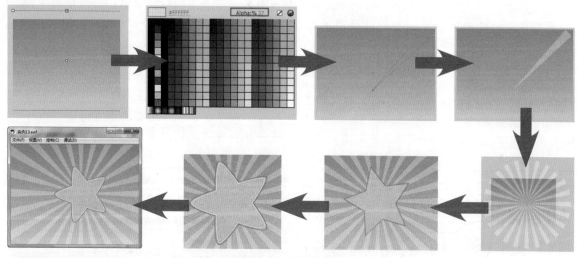

◀ 图2-116 操作流程图

实例　重点

★ 了解Alpha设置　　　　　　　★ 掌握图形的旋转并复制

实例 步骤

STEP 1 执行"文件>新建"命令，弹出"新建文档"对话框，设置如图2-117所示，单击"确定"按钮，新建文档。使用"矩形工具"，在舞台中绘制一个矩形，打开"颜色"面板，设置渐变颜色，如图2-118所示。

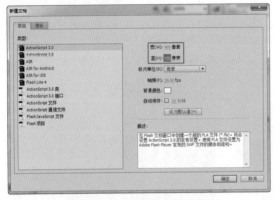

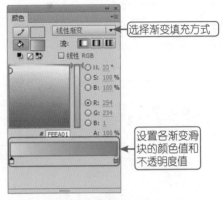

图2-117 "新建文档"对话框

图2-118 设置"颜色"面板

STEP 2 使用"渐变变形工具"，调整渐变的角度和方向，如图2-119所示。新建"图层2"，使用"钢笔工具"，在舞台中绘制三角形路径，如图2-120所示。

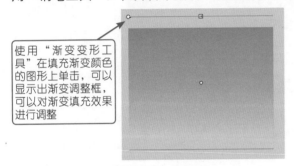

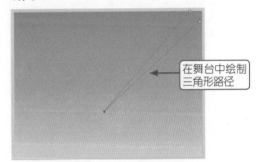

图2-119 调整渐变色

图2-120 绘制三角形路径

STEP 3 选中该三角形路径，打开"颜色"面板，设置"填充颜色"为37% Alpha值的白色，如图2-121所示。使用"油漆桶工具"，在三角形路径中单击填充颜色，将三角形路径轮廓删除，如图2-122所示。

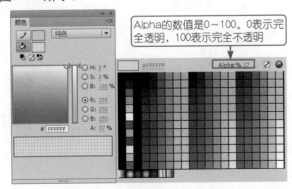

图2-121 设置颜色的不透明度

图2-122 填充颜色

提 示

Alpha选项用来处理图形颜色的不透明度，在Alpha文本框中输入数值来指定透明的程度，当Alpha值为0%时，创建的填充是填充不可见即完全透明；当Alpha值为100%时，则创建的填充是完全不透明的。

STEP 4 执行"修改>转换为元件"命令，弹出"转换为元件"对话框，设置如图2-123所示。单击"确定"按钮，将该图形转换为元件，如图2-124所示。

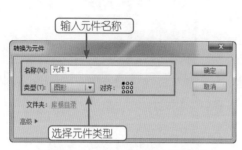

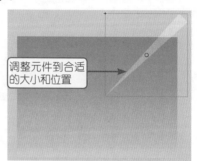

图2-123　"转换为元件"对话框

图2-124　转换为元件

STEP 5 使用"任意变形工具"，调整元件的中心点位置，如图2-125所示。打开"变形"面板，设置元件的旋转角度，如图2-126所示。

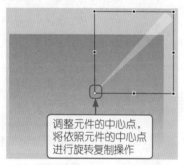

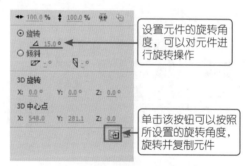

图2-125　调整元件中心点

图2-126　设置旋转角度

STEP 6 单击"复制选区和变形"按钮，可以对该元件进行旋转并复制操作，多次单击该按钮，得到图形，如图2-127所示。使用"多角星形工具"，在"属性"面板中进行设置，单击"选项"按钮，在弹出的"工具设置"对话框中进行设置，如图2-128所示。

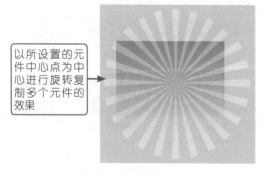

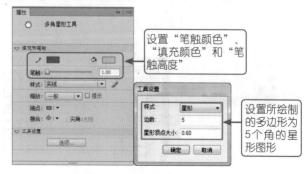

图2-127　旋转复制多个三角形

图2-128　设置"多角星形工具"属性

STEP 7 ▶ 新建"图层3"，在舞台中拖动鼠标绘制五角星形，如图2-129所示。使用"选择工具"，对所绘制的五角星形进行调整，如图2-130所示。

STEP 8 ▶ 新建"图层4"，使用相同的绘制方法，在舞台中绘制一个"笔触颜色"为白色的五角星形，如图2-131所示。执行"文件>保存"命令，将文件保存为"光盘\源文件\第2章\实例13.fla"，按快捷键Ctrl+Enter，测试动画效果，如图2-132所示。

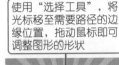

使用"选择工具"，将光标移至需要路径的边缘位置，拖动鼠标即可调整图形的形状

◀ 图2-129 绘制五角星形　　◀ 图2-130 调整图形　　◀ 图2-131 复制五角星形　　◀ 图2-132 测试动画效果

实例14 填充和笔触——绘制个性酷哥形象

实例 ▶ 目的

本实例的目的是让大家掌握"笔触颜色"和"填充颜色"的应用。在Flash中图形的颜色是由笔触和填充组成的，这两种属性决定矢量图形的轮廓和整体颜色。使用工具箱或者"属性"面板中的"笔触颜色"和"填充颜色"都可以更改笔触和填充的样式及颜色。如图2-133所示是绘制个性酷哥的流程图。

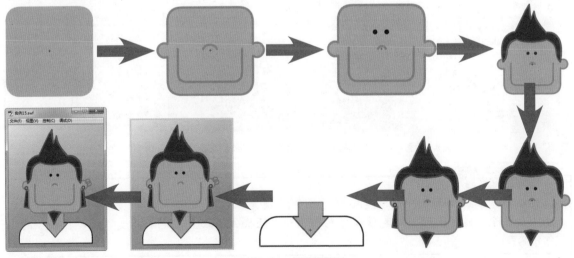

◀ 图2-133 操作流程图

实例 ▶ 重点

★ 掌握"墨水瓶工具"的使用　　　★ 掌握"笔触颜色"和"填充颜色"

实例 步骤

STEP 1 执行"文件>新建"命令，弹出"新建文档"对话框，设置如图2-134所示，单击"确定"按钮，新建文档。执行"插入>新建元件"命令，新建"名称"为"脸型"的"图形"元件，如图2-135所示。

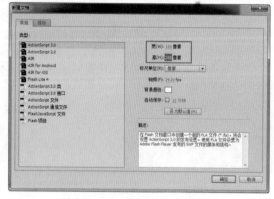

输入元件名称

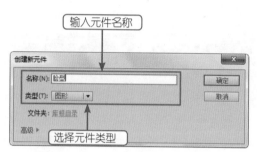

选择元件类型

◄ 图2-134 "新建文档"对话框   ◄ 图2-135 "创建新元件"对话框

STEP 2 使用"矩形工具"，在"属性"面板中对相关属性进行设置，如图2-136所示。在舞台中拖动鼠标绘制圆角矩形，如图2-137所示。

STEP 3 使用"椭圆工具"，设置"笔触颜色"为无，"填充颜色"为#D3B398，在舞台中绘制两个正圆形，如图2-138所示。使用"墨水瓶工具"，在"属性"面板中设置"笔触颜色"为#AE8B71，"笔触高度"为1.55，如图2-139所示。

设置"笔触颜色"和"笔触高度"属性

设置矩形的4个边角半径值为10

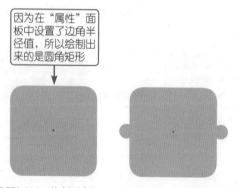

因为在"属性"面板中设置了边角半径值，所以绘制出来的是圆角矩形

设置"笔触颜色"为无，"填充颜色"为#D3B398

◄ 图2-136 设置"属性"面板 ◄ 图2-137 绘制圆角矩形 ◄ 图2-138 绘制正圆形 ◄ 图2-139 设置"属性"面板

提 示

工具箱与"属性"面板中的"笔触颜色"和"填充颜色"使用方法相似，不同的是"属性"面板除了能为图形创建笔触和填充颜色外，还提供了设置"笔触高度"和"样式"的系列选项。

提 示

使用"墨水瓶工具"也可以改变线框的属性，如果一次要改变多条线段，可按住Shift键将它们依次选中，再使用"墨水瓶工具"点选其中的任意一条线段即可。

STEP 4 使用"墨水瓶工具"在图形边缘单击，为图形添加轮廓，如图2-140所示。新建"图层2"，使用"矩形工具"，设置"填充颜色"为"无"，"笔触颜色"为#AE8B71，在舞台中合适的位置绘制圆角矩形，如图2-141所示。

STEP 5 将"图层1"锁定，使用"选择工具"，拖动鼠标，选中刚绘制的圆角矩形上半部分，按Delete键删除选中图形，如图2-142所示。使用"线条工具"在舞台中绘制直线，并使用"选择工具"将其调整为曲线，如图2-143所示。

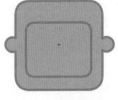
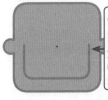

图2-140 添加轮廓　　图2-141 绘制圆角矩形　　图2-142 删除矩形部分图形　　图2-143 绘制并调整线条

STEP 6 使用"椭圆工具"，设置"填充颜色"为#42280D，"笔触颜色"为无，在舞台中绘制出眼睛图形，如图2-144所示。新建"图层3"，使用"线条工具"，设置"笔触颜色"为#FB0F0C，在舞台中绘制直线，并使用"选择工具"将其调整为曲线，如图2-145所示。

STEP 7 在舞台中绘制多个线条并分别进行调整，完成头发的轮廓绘制，如图2-146所示。设置"填充颜色"为#891009，使用"颜料桶工具"为路径填充颜色，如图2-147所示。

图2-144 绘制眼睛图形　　图2-145 绘制并调整直线　　图2-146 绘制线条　　图2-147 填充颜色

STEP 8 新建"图层4"，使用相同的绘制方法，完成人物胡子图形的绘制，如图2-148所示。新建"图层5"，绘制出相似的图形，并将该图层调整至"图层1"下方，如图2-149所示。

图2-148 绘制图形　　　　　　　图2-149 绘制图形并调整图层

STEP 9 新建"图层6"，使用"椭圆工具"在舞台中绘制出相应的图形，如图2-150所示。新建"名称"为"身体"的"图形"元件，如图2-151所示。

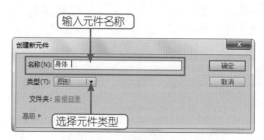

◀图2-150　绘制图形　　　　　　　　　　　　◀图2-151　"创建新元件"对话框

STEP10 使用"矩形工具"，在"属性"面板中对相关属性进行设置，如图2-152所示。在舞台中拖动鼠标绘制圆角矩形，如图2-153所示。

STEP11 使用"选择工具"，在舞台中拖动鼠标框选圆角矩形下半部分，如图2-154所示。按Delete键将该部分图形删除，如图2-155所示。

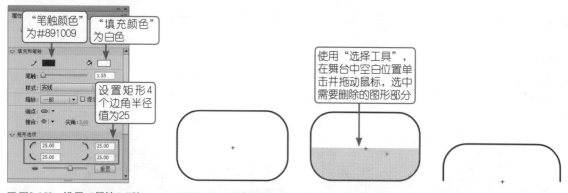

◀图2-152　设置"属性"面板　　◀图2-153　绘制圆角矩形　　◀图2-154　选中部分图形　　◀图2-155　删除选中图形

STEP12 使用"墨水瓶工具"，设置"笔触颜色"为#891009，在图形下边缘处单击添加轮廓，如图2-156所示。新建"图层2"，使用"线条工具"，可以绘制出人物脖子图形，如图2-157所示。

STEP13 使用"选择工具"，选中部分轮廓，设置"笔触颜色"为#FF0000，如图2-158所示。返回"场景1"编辑状态，使用"矩形工具"，在"颜色"面板中设置"填充颜色"为渐变颜色，如图2-159所示。

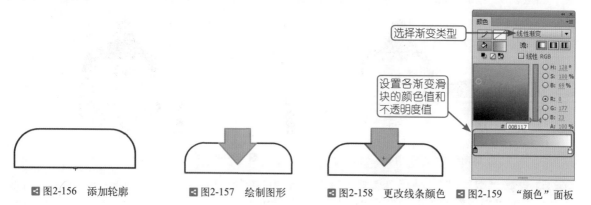

◀图2-156　添加轮廓　　　　◀图2-157　绘制图形　　　　◀图2-158　更改线条颜色　◀图2-159　"颜色"面板

STEP14 在舞台中绘制矩形，如图2-160所示。新建"图层2"，依次将"脸型"和"身体"元件拖入到舞台中，如图2-161所示。执行"文件>保存"命令，将文件保存为"光盘\源文件\第2章\实例14.fla",按快捷键Ctrl+Enter,测试动画效果,如图2-162所示。

填充渐变颜色,并使用"渐变变形工具"调整渐变颜色的填充效果

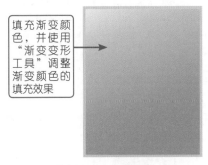

◀ 图2-160 绘制矩形

◀ 图2-161 拖入元件

◀ 图2-162 测试动画效果

实例15 使用Deco工具——绘制卡通心形 🔍

实例 目的

本实例的目的是让大家掌握"Deco工具"的使用。"Deco工具"是装饰性绘画工具,使用它可以将创建的图形形状转换为复杂的几何图案,例如用户可以将一个或多个元件与"Deco工具"结合使用来创建万花筒般的图形效果,使绘制各种丰富多彩的图形效果变得更方便、快捷。如图2-163所示是绘制卡通心形的流程图。

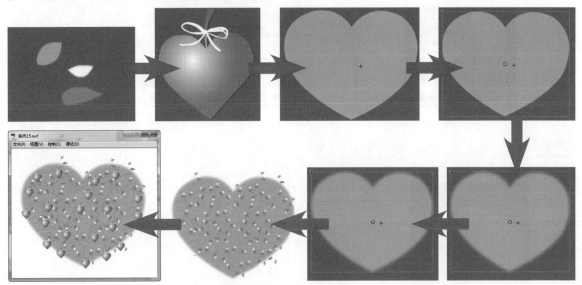

◀ 图2-163 操作流程图

实例 重点

★ 掌握"Deco工具"的使用 ★ 设置"模糊"滤镜

★ 设置"Deco工具"的属性

实例 步骤 ✍

STEP 1 执行"文件>新建"命令，弹出"新建文档"对话框，设置如图2-164所示，单击"确定"按钮，新建文档。执行"插入>新建元件"命令，新建"名称"为"花瓣"的"图形"元件，如图2-165所示。

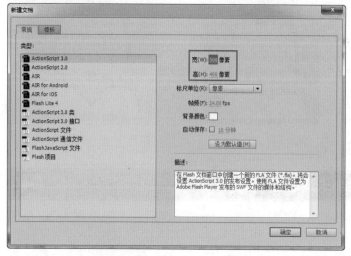

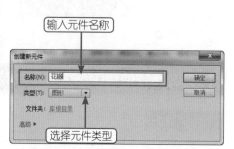

◀ 图2-164　"新建文档"对话框　　　　　◀ 图2-165　"创建新元件"对话框

STEP 2 使用"钢笔工具"，绘制出花瓣图形，并填充颜色，如图2-166所示。执行"插入>新建元件"命令，新建"名称"为"果实"的"图形"元件，如图2-167所示。

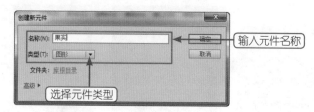

◀ 图2-166　绘制花瓣图形　　　　　◀ 图2-167　"创建新元件"对话框

STEP 3 使用绘图工具绘制出果实图形，效果如图2-168所示。新建"名称"为"心"的"影片剪辑"元件，如图2-169所示。

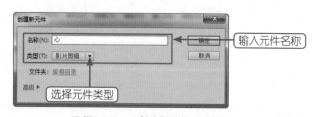

◀ 图2-168　绘制果实图形　　　　　◀ 图2-169　"创建新元件"对话框

STEP 4 使用"钢笔工具"，在舞台中绘制心形，如图2-170所示。执行"修改>转换为元件"命令，弹出"转换为元件"对话框，设置如图2-171所示。

■ 图2-170 绘制心形图形

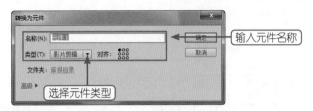

输入元件名称

选择元件类型

■ 图2-171 "转换为元件"对话框

STEP 5 单击"确定"按钮，将该图形转换为元件，如图2-172所示。选中该元件，打开"属性"面板，如图2-173所示。

STEP 6 单击"添加滤镜"按钮，在弹出的菜单中选择"模糊"命令，如图2-174所示。为元件添加"模糊"滤镜，对相关参数进行设置，如图2-175所示。

需要把图形转换为影片剪辑元件，才能为其添加"模糊"滤镜

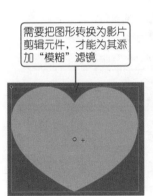

■ 图2-172 转换为元件

■ 图2-173 "属性"面板

这3个命令为滤镜的编辑操作命令

在Flash中所提供的滤镜效果，选择相应的命令，即可添加该滤镜

■ 图2-174 下拉列表

设置"模糊"滤镜的相应参数

■ 图2-175 设置"模糊"属性

提示

可以在X轴方向和Y轴方向设置模糊的程度，设置时可以输入0~255的任意整数值。如果输入值为最大值，原对象会消失，而变成与原对象颜色相近的颜色块。

STEP 7 完成"模糊"滤镜选项的设置，可以看到元件的效果，如图2-176所示。返回"场景1"编辑状态，将"心"元件从"库"面板拖入到舞台中，并调整其大小和位置，如图2-177所示。

为影片剪辑元件添加"模糊"滤镜后的效果，模糊效果的大小与所设置的参数有关

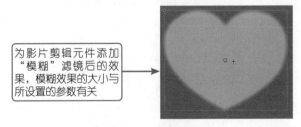

■ 图2-176 元件效果

■ 图2-177 拖入元件

STEP 8 使用"Deco工具"，在"属性"面板中进行设置，如图2-178所示。在图形上进行多次单击，填充图案，效果如图2-179所示。

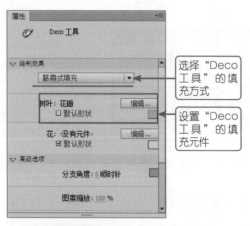

选择"Deco工具"的填充方式

设置"Deco工具"的填充元件

■ 图2-178 设置"Deco工具"属性

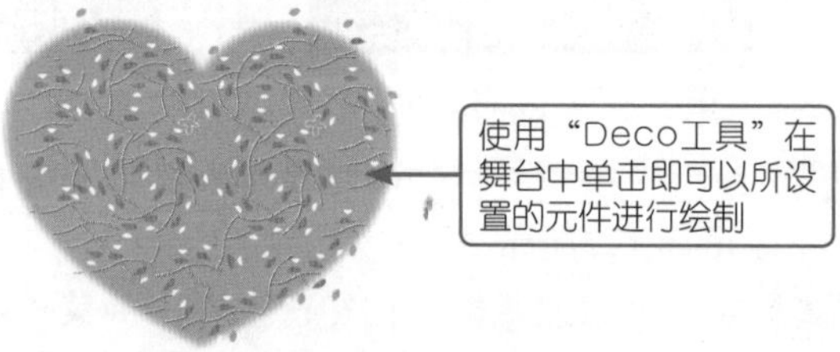

使用"Deco工具"在舞台中单击即可以所设置的元件进行绘制

■ 图2-179 填充图案

提 示

　　"Deco工具"的"属性"面板中默认的绘制效果就是藤蔓式填充效果，可以在场景、元件或封闭区域中填充藤蔓式图案。通过从"库"面板中选择元件，可以替换叶子和花朵的插图，生成的图案将包含在影片剪辑中，而影片剪辑本身也包含组成图案的元件。

STEP 9 将"果实"元件从"库"面板中拖入到舞台中，将该元件复制多个，如图2-180所示。执行"文件>保存"命令，将文件保存为"光盘\源文件\第2章\实例15.fla"，按快捷键Ctrl+Enter，测试动画效果，如图2-181所示。

■ 图2-180 场景效果

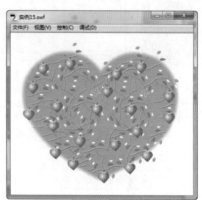

■ 图2-181 测试动画效果

第3章

Flash CS6

| 制作基础动画

本章主要带领大家初步认识动画制作的过程和步骤，并了解一些动画制作的基本操作方式和技巧。每种类型的动画都拥有其本身的特点，大家可以根据制作的动画类型的不同选择最合适的制作方法。本章只是学习动画制作的开始，学好本章的内容，便可以为以后制作更加复杂的动画打下坚实的基础。

| 本章重点

- 制作基本逐帧动画
- 制作卡通角色入场动画
- 制作光影逐帧动画
- 制作图像切换动画
- 制作倒计时动画
- 制作文字淡入淡出动画
- 制作晃动的阳光动画
- 制作太阳公公动画
- 制作飞舞的蒲公英动画
- 制作飞舞的小蜜蜂动画

实例16　逐帧动画的特点——制作基本逐帧动画

实例 ▶ 目的

本实例的目的是让大家掌握逐帧动画制作的方法和技巧。逐帧动画最大的特点在于每一帧都可以改变场景中的内容，非常适合用于在每一帧中都有变化而不仅仅只在场景中移动的较为复杂的动画制作。如图3-1所示是制作基本逐帧动画的流程图。

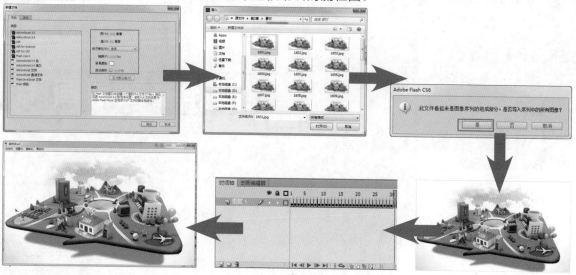

◀ 图3-1　操作流程图

实例 ▶ 重点

★ 了解逐帧动画的特点　　　　　★ 掌握制作逐帧动画的方法

实例 ▶ 步骤

STEP 1 执行"文件>新建"命令，弹出"新建文档"对话框，对相关选项进行设置，如图3-2所示。单击"确定"按钮，新建Flash文档。执行"文件>导入>导入到舞台"命令，弹出"导入"对话框，找到素材图像所在的文件夹，选择需要导入的图像，如图3-3所示。

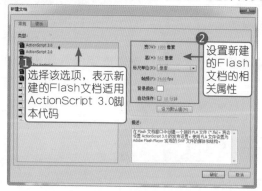

◀ 图3-2　"新建文档"对话框

◀ 图3-3　"导入"对话框

STEP 2 单击"打开"按钮，系统弹出提示对话框，提示是否要导入图像序列，如图3-4所示。单击"是"按钮,即可导入该图像序列,并且可以看到所导入的图像效果,如图3-5所示。

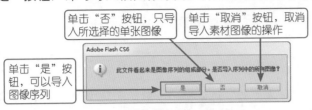

单击"否"按钮,只导入所选择的单张图像

单击"取消"按钮,取消导入素材图像的操作

单击"是"按钮,可以导入图像序列

◁ 图3-4 提示对话框

◁ 图3-5 导入图像

STEP 3 所导入图像序列中的每一个图像都会在"时间轴"面板中自动生成一个关键帧,如图3-6所示。完成逐帧动画的制作,执行"文件>保存"命令,将文件保存为"光盘\源文件\第3章\实例16.fla",按快捷键Ctrl+Enter,测试Flash动画效果,如图3-7所示。

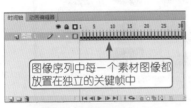

图像序列中每一个素材图像都放置在独立的关键帧中

◁ 图3-6 "时间轴"面板

◁ 图3-7 测试Flash动画效果

提 示

在时间帧上逐帧绘制帧内容称为逐帧动画,由于是一帧一帧地画,所以逐帧动画具有非常大的灵活性,几乎可以表现任何想表现的内容。

| 实例17 导入图像序列——制作光影逐帧动画 🔍

实例 目的

本实例的目的是让大家掌握导入图像序列的方法。制作逐帧动画的基本思想是把一系列差别很小的图形和文字放置在一系列的关键帧中,从而使得播放起来就像是一系列连续变化的动画效果。其利用人的视觉暂留原理,看起来像是运动的画面,实际上只是一系列静止的图像。如图3-8所示是制作光影逐帧动画的流程图。

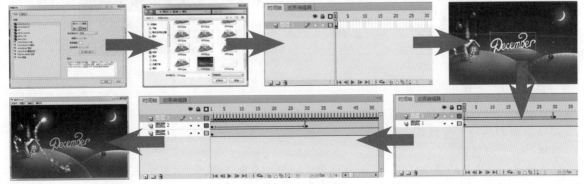

◁ 图3-8 操作流程图

实例 **重点** 🗇

★ 掌握导入图像序列的方法　　★ 掌握将图像转换为元件的方法

★ 了解传统补间动画

实例 **步骤** 🗇

STEP 1 ▶ 执行"文件>新建"命令，弹出"新建文档"对话框，设置如图3-9所示。单击"确定"按钮，新建文档。执行"文件>导入>导入到舞台"命令，弹出"导入"对话框，找到素材图像所在的文件夹，选择需要导入的图像，如图3-10所示。

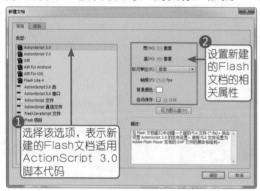

◀ 图3-9　"新建文档"对话框　　　　　◀ 图3-10　"导入"对话框

STEP 2 ▶ 单击"打开"按钮，导入所选择的素材图像，如图3-11所示，"时间轴"面板如图3-12所示。

◀ 图3-11　导入图像　　　　　◀ 图3-12　"时间轴"面板

STEP 3 ▶ 在第90帧按F5键插入帧，如图3-13所示。新建"图层2"，执行"文件>导入>导入到舞台"命令，导入素材图像"光盘\源文件\第3章\素材\1702.png"，如图3-14所示。

◀ 图3-13　"时间轴"面板　　　　　◀ 图3-14　导入图像

提示

帧又分为"普通帧"和"过渡帧"，在影片制作的过程中，经常在一个含有背景图像的关键帧后面添加一些普通帧，使背景延续一段时间，在起始关键帧和结束关键帧之间的所有帧被称为"过渡帧"。

过渡帧是动画实现的详细过程，它能具体体现动画的变化过程，当鼠标单击过渡帧时，在舞台中可以预览这一帧的动画情况，过渡帧的画面由计算机自动生成，无法进行编辑操作。

STEP 4 选中图像，单击鼠标右键，在弹出的菜单中选择"转换为元件"命令，弹出"转换为元件"对话框，设置如图3-15所示。单击"确定"按钮，将其转换为元件并调整至合适的位置，如图3-16所示。

转换成"名称"为"圣诞"的图形元件

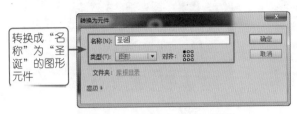

◁ 图3-15 "转换为元件"对话框

◁ 图3-16 场景效果

STEP 5 在第30帧按F6键插入关键帧，选择第1帧上的元件，设置元件的Alpha值为15%，如图3-17所示。在第1帧创建传统补间动画，"时间轴"面板如图3-18所示。

Alpha属性为元件的属性，用于设置元件的不透明度，Alpha值为0%时，表示元件完全透明

传统补间动画在时间轴中的表现效果

◁ 图3-17 元件效果

◁ 图3-18 "时间轴"面板

提示

不同的帧代表不同的动画，无内容的帧是以空的单元格显示，有内容的帧是以一定的颜色显示。例如，传统补间动画的帧显示淡蓝色，形状补间动画的帧显示淡绿色，关键帧后面的帧继续关键帧的内容。

STEP 6 新建"图层3"，导入素材图像"光盘\源文件\第3章\素材\h1701.png"，弹出提示对话框，如图3-19所示。单击"是"按钮，即可导入图像序列，"时间轴"面板如图3-20所示。

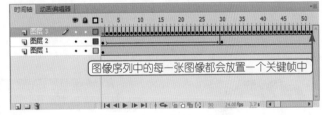

图像序列中的每一张图像都会放置一个关键帧中

◁ 图3-19 提示对话框

◁ 图3-20 "时间轴"面板

提示

当导入的图像素材文件名称为序列名称时，会弹出图3-19中的提示对话框。如果单击"是"按钮，会自动以逐帧的方式将该序列的图像全部导入到Flash中；如果单击"否"按钮，则只会将选中的图像导入到Flash中。

STEP 7 完成逐帧动画的制作，执行"文件>保存"命令，将文件保存为"光盘\源文件\第3章\实例17.fla"，按快捷键Ctrl+Enter，测试Flash动画效果，如图3-21所示。

 图3-21　测试Flash动画效果

提　示

在使用图像序列时，应尽量使用压缩比较好的JPEG、GIF、PNG格式，而不要使用TIF等体积大的图形，并且需要注意其名称要定义为有序数字。

实例18　逐帧的应用——制作倒计时动画

实例　目的

本实例制作一个倒计时动画，是通过逐帧动画实现整个动画效果，创建逐帧动画需要将每一帧都定义为关键帧，然后为每个帧创建不同的图像。由于每个新建的关键帧最初包含的内容与其之前的关键帧是相同的，因此可以递增地修改动画中的帧。如图3-22所示是制作倒计时动画的流程图。

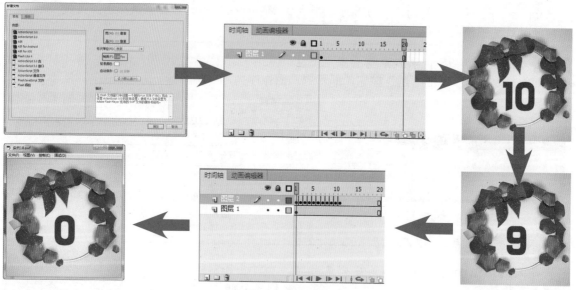

图3-22　操作流程图

实例　重点

★　理解逐帧动画　　　　　　　　　★　掌握逐帧动画的制作方法

★　设置文字属性

实例 **步骤**

STEP 1 执行"文件>新建"命令，弹出"新建文档"对话框，设置如图3-23所示，单击"确定"按钮，新建文档。执行"文件>导入>导入到舞台"命令，弹出"导入"对话框，找到素材图像所在的文件夹，选择需要导入的图像，如图3-24所示。

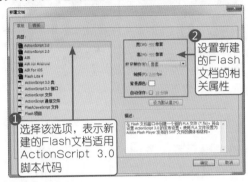
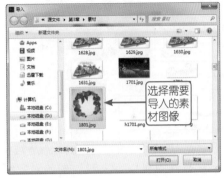

◀ 图3-23 "新建文档"对话框 ◀ 图3-24 "导入"对话框

提 示

动画播放的速度可以通过修改帧频来调整，也可以通过调整关键帧的长度来控制动画播放的速度，当然逐帧动画还是通过帧频来调整比较好。

STEP 2 单击"打开"按钮，将选择的素材图像导入到舞台中，如图3-25所示，"时间轴"面板如图3-26所示。

STEP 3 在第20帧按F5键插入帧，如图3-27所示。新建"图层2"，使用"文本工具"，打开"属性"面板，对文本的相关属性进行设置，如图3-28所示。

◀ 图3-25 导入图像　◀ 图3-26 "时间轴"面板　◀ 图3-27 "时间轴"面板　◀ 图3-28 "属性"
面板

STEP 4 将光标移至舞台区合适位置绘制文本框，在文本框中输入文字，如图3-29所示。分别在第2帧至第11帧按F6键插入关键帧，如图3-30所示。

◀ 图3-29 输入文字　◀ 图3-30 插入关键帧

提 示

在制作逐帧动画时，要使一些图形或图像的位置对齐，这时可以通过设置"属性"面板上的X和Y值进行调整。

STEP 5 分别修改每个关键帧上的数值，如图3-31所示。完成动画制作，执行"文件>保存"命令，将文件保存为"光盘\源文件\第3章\实例18.fla"，按快捷键Ctrl+Enter，测试Flash动画效果，如图3-32所示。

修改第2个关键帧上的数字为9，以此类推，修改剩下的关键帧数字

◄ 图3-31 修改关键帧数值　　　　　　　◄ 图3-32 测试Flash动画效果

知识 拓展

关键帧是Flash动画的变化之处，是定义动画的关键元素，关键帧包含任意数量的元件和图形等对象，在其中可以定义对动画的对象属性所做的更改，该帧的对象与前、后的对象属性均不相同。

关键帧中可以包含形状剪辑、组等多种类型的元素或诸多元素，但过渡帧中的对象只能是剪辑（影片剪辑、图层剪辑、按钮）或独立形状。两个关键帧的中间可以没有过渡帧，但过渡帧前后肯定有关键帧，因为过渡帧附属于关键帧，关键帧可以修改该帧的内容，但过渡帧无法修改该帧的内容。

当新建一个图层时，图层的第1帧默认为一个空白关键帧，即一个黑色轮廓的圆圈，当向该图层添加内容后，这个空心圆圈将变为一个实心圆圈，该帧即为关键帧。

▏实例19　补间形状动画——制作晃动的阳光动画

实例 目的

补间形状动画是由一个图形到另一个图形间的变化过程。本实例的目的是让大家掌握补间形状动画的制作。如图3-33所示是制作晃动的阳光动画的流程图。

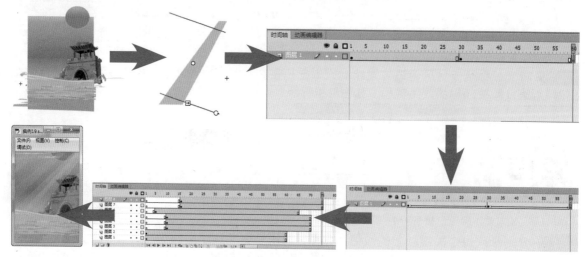

◄ 图3-33 操作流程图

实例 重点

★ 掌握创建补间形状动画的方法　　　★ 了解补间形状动画的特点

实例 步骤

STEP 1 执行"文件>新建"命令，弹出"新建文档"对话框，设置如图3-34所示。执行"插入>新建元件"命令，新建"名称"为"背景"的"图形"元件，如图3-35所示。

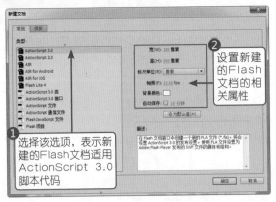

② 设置新建的Flash文档的相关属性

① 选择该选项，表示新建的Flash文档适用ActionScript 3.0脚本代码

◀ 图3-34 "新建文档"对话框

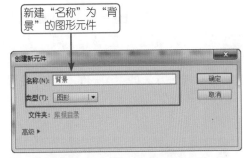

新建"名称"为"背景"的图形元件

◀ 图3-35 "创建新元件"对话框

STEP 2 使用Flash中的各种绘图工具，绘制出背景图形，如图3-36所示。新建"名称"为"云彩"的"图形"元件，绘制云彩图形，如图3-37所示。

STEP 3 新建"名称"为"阳光"的"影片剪辑"元件，如图3-38所示。使用"钢笔工具"在舞台中绘制路径并填充颜色，如图3-39所示。

根据前面一章所学的知识，运用绘图工具绘制出该图形

◀ 图3-36 绘制图形　　　◀ 图3-37 绘制图形

新建"名称"为"阳光"的影片剪辑元件

◀ 图3-38 "创建新元件"对话框　　　◀ 图3-39 绘制图形

STEP 4 选中刚绘制的图形，打开"颜色"面板，设置从#E1C084 到#E9BF74的线性渐变，如图3-40所示。使用"渐变变形工具"调整渐变效果，如图3-41所示。

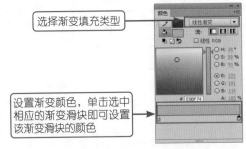

选择渐变填充类型

设置渐变颜色，单击选中相应的渐变滑块即可设置该渐变滑块的颜色

◀ 图3-40 设置"颜色"面板

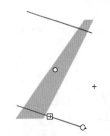

◀ 图3-41 填充线性渐变

STEP 5 分别在第30帧和第60帧按F6键插入关键帧，如图3-42所示。选择第1帧上的图形，打开

"颜色"面板，分别设置两个渐变滑块的Alpha值为0%，如图3-43所示。

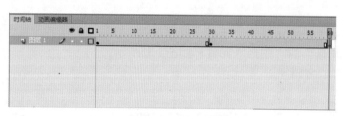

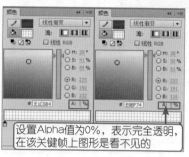

设置Alpha值为0%，表示完全透明，在该关键帧上图形是看不见的

◀ 图3-42　插入关键帧　　　　　　　　　　◀ 图3-43　设置Alpha值

STEP 6 选择第30帧上的图形，使用"选择工具"，调整图形的形状，如图3-44所示。分别设置"颜色"面板中两个渐变滑块的Alpha值为79%和36%，效果如图3-45所示。选择第60帧上的图形，使用同样的方法调整图形的形状，设置两个渐变滑块的Alpha值为0%。

设置Alpha值为79%的效果

设置Alpha值为36%的效果

◀ 图3-44　调整后的图形形状　　　　　　◀ 图3-45　设置图形不透明度

STEP 7 分别在第1帧和第30帧上创建补间形状动画，如图3-46所示。新建"名称"为"阳光动画"的"影片剪辑"元件，如图3-47所示。

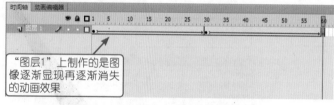

"图层1"上制作的是图像逐渐显现再逐渐消失的动画效果

新建"名称"为"阳光动画"的影片剪辑元件

◀ 图3-46　创建补间形状动画　　　　　　◀ 图3-47　"创建新元件"对话框

提　示

元件和位图是不可以制作补间形状动画的，只有形状图形才可以制作补间形状动画，如果是元件或位图，必须将元件分离为图形后才可以制作补间形状动画。

STEP 8 将"阳光"元件从"库"面板中拖入到场景中，如图3-48所示。新建"图层2"，再次将该元件拖入到场景中，使用"任意变形工具"调整元件的形状，如图3-49所示。

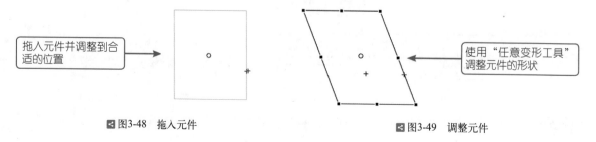

拖入元件并调整到合适的位置

使用"任意变形工具"调整元件的形状

◀ 图3-48　拖入元件　　　　　　　　　　◀ 图3-49　调整元件

STEP 9 使用相同的制作方法，新建图层，多次拖入该元件并进行相应的调整，如图3-50所示，"时间轴"面板如图3-51所示。

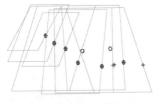

◀ 图3-50　场景效果

◀ 图3-51　"时间轴"面板

STEP10 返回"场景1"编辑状态，将"背景"元件从"库"面板中拖入到场景中，如图3-52所示。新建"图层2"，将"阳光动画"元件从"库"面板中拖入到场景中，如图3-53所示。

◀ 图3-52　拖入元件

拖入元件并调整到合适的位置

◀ 图3-53　拖入元件

STEP11 新建"图层3"，将"云彩"元件从"库"面板中拖入到场景中，如图3-54所示。完成动画的制作，执行"文件>保存"命令，将文件保存为"光盘\源文件\第3章\实例19.fla"，按快捷键Ctrl+Enter，测试Flash动画效果，如图3-55所示。

拖入元件并调整到合适的位置

◀ 图3-54　拖入元件

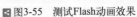

◀ 图3-55　测试Flash动画效果

实例20　图形变形——制作太阳公公动画

实例 目的

本实例制作一个卡通场景动画，在本实例的制作过程中主要是通过形状补间动画制作整个动画效果。在Flash CS6中，创建形状补间动画只需要在运动开始和结束的位置插入不同的图形，即可在动画中自动创建中间的过程。如图3-56所示是制作太阳公公动画的流程图。

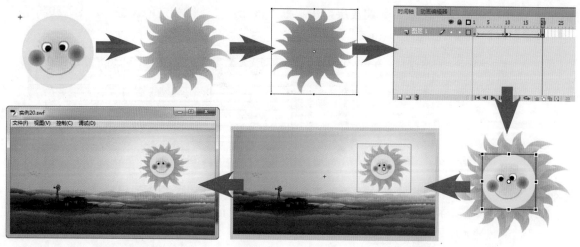

■ 图3-56　操作流程图

实例 重点

★ 调整图形变形 ★ 创建形状补间动画

实例 步骤

STEP 1　执行"文件>新建"命令，弹出"新建文档"对话框，设置如图3-57所示。执行"插入>新建元件"命令，新建"名称"为"笑脸"的"图形"元件，如图3-58所示。

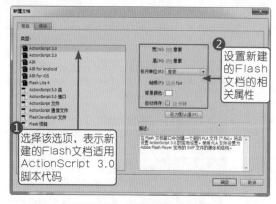

■ 图3-57　"新建文档"对话框

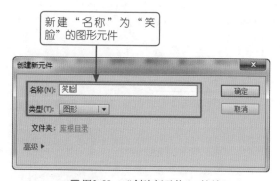

■ 图3-58　"创建新元件"对话框

STEP 2　使用Flash中的绘图工具，绘制出笑脸图形，如图3-59所示。新建"名称"为"光动"的"影片剪辑"元件，如图3-60所示。

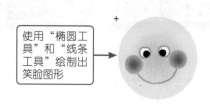

■ 图3-59　绘制图形

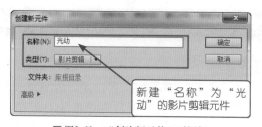

■ 图3-60　"创建新元件"对话框

STEP 3 使用Flash中的绘图工具，绘制出光芒图形，如图3-61所示。分别在第10帧和第20帧按F6键插入关键帧，"时间轴"面板如图3-62所示。

STEP 4 选择第10帧上的图形，使用"任意变形工具"，对该帧上的图形进行旋转操作，如图3-63所示。分别在第1帧和第10帧创建补间形状动画，如图3-64所示。

◀ 图3-61 绘制图形　　◀ 图3-62 "时间轴"面板　　◀ 图3-63 旋转图形　　◀ 图3-64 "时间轴"面板

> **提示**
>
> 补间形状动画与补间动画的区别在于，在形状补间中的起始和结束位置上插入的对象可以不一样，但必须具有分离属性，并且由于其变化是不规则的，因此无法获知具体的中间过程。

STEP 5 新建"名称"为"太阳动画"的"影片剪辑"元件，如图3-65所示。将"光动"元件从"库"面板中拖入到场景中，使用"任意变形工具"调整元件的大小，如图3-66所示。

STEP 6 新建"图层2"，再次将"光动"元件拖入到场景中，使用"任意变形工具"调整元件，如图3-67所示。新建"图层3"，将"笑脸"元件从"库"面板中拖入到场景中，如图3-68所示。

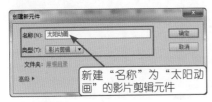

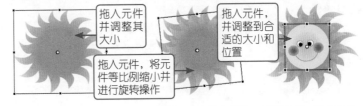

◀ 图3-65 "创建新元件"对话框　　◀ 图3-66 调整图形大小　　◀ 图3-67 拖入元件　　◀ 图3-68 拖入元件

> **提示**
>
> 在拖动鼠标放大或缩小图像的时候可以按住Shift键，这样就可以等比例放大或缩小了。

STEP 7 返回"场景1"编辑状态，执行"文件>导入>导入到舞台"命令，导入素材图像"光盘\源文件\第3章\素材\2001.jpg"，如图3-69所示。新建"图层2"，将"太阳动画"元件从"库"面板中拖入到场景中，如图3-70所示。

◀ 图3-69 导入图像　　◀ 图3-70 拖入元件

STEP 8 完成动画的制作，执行"文件>保存"命令，将文件保存为"光盘\源文件\第3章\实例20.fla"，按快捷键Ctrl+Enter，测试Flash动画效果，如图3-71所示。

图3-71　测试Flash动画效果

提示

要想在补间形状中获得最佳效果，可以遵循以下准则。

★　在复杂的补间形状中，需要创建中间形状然后再进行补间，而不要只定义起始和结束的形状。

★　确保形状提示符合逻辑。例如，如果在一个三角形中使用三个形状提示，则在原始三角形和要补间的三角形中它们的顺序必须相同。

★　如果按照逆时针顺序从形状的左上角开始放置形状提示，其工作效果最好。

知识 拓展

选中需要插入帧的位置，执行"插入>时间轴>帧"命令，或者直接按F5键，即可在当前帧的位置插入一个帧，如图3-72所示。也可以在需要插入帧的位置单击鼠标右键，在弹出的菜单中选择"插入帧"命令，如图3-73所示。

图3-72　"帧"命令　　　　　　　　图3-73　"插入帧"命令

选中需要插入关键帧的位置，执行"插入>时间轴>关键帧"命令，或者按F6键，即可在当前位置插入一个关键帧，如图3-74所示。也可以在需要插入关键帧的位置单击鼠标右键，在弹出的菜单中选择"插入关键帧"命令，如图3-75所示。

选中需要插入空白关键帧的位置，执行"插入>时间轴>空白关键帧"命令，或者按F7键，即可在当前位置插入一个空白关键帧，如图3-76所示。也可以在需要插入关键帧的位置单击鼠标右键，在弹出的菜单中选择"插入空白关键帧"命令，如图3-77所示。

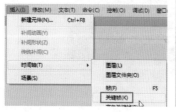

图3-74　"关键帧"命令　　　图3-75　"插入关键帧"命令　　　图3-76　"空白关键帧"命令　　　图3-77　"插入空白关键帧"命令

实例21 补间动画——制作飞舞的蒲公英动画 🔍

实例 ▶ 目的 ✏

本实例的目的是让大家掌握补间动画的制作。在Flash CS6中，由于创建补间动画的步骤符合人们的逻辑，因此比较容易掌握和理解。补间动画只能在元件实例上应用，但元件实例可以包含嵌套元件，在补间动画应用于其他对象时，这些对象将作为嵌套元件包装在元件中，且包含嵌套的元件能够在自己的时间轴上进行补间。如图3-78所示是制作飞舞的蒲公英动画的流程图。

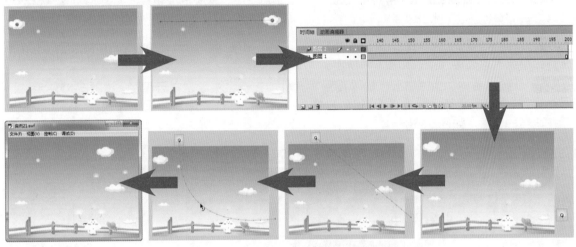

◀ 图3-78 操作流程图

实例 ▶ 重点 ✏

★ 掌握绘制图形的方法　　　　　★ 掌握插入帧和关键帧的方法
★ 掌握元件的使用方法　　　　　★ 掌握补间动画的创建方法

实例 ▶ 步骤 ✏

STEP 1 ▶ 执行"文件>新建"命令，弹出"新建文档"对话框，设置如图3-79所示，单击"确定"按钮，新建文档。执行"文件>导入>导入到舞台"命令，导入素材图像"光盘\源文件\第3章\素材\2101.jpg"，如图3-80所示。

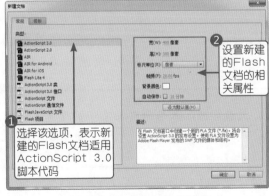

◀ 图3-79 "新建文档"对话框

◀ 图3-80 导入图像素材

STEP 2 ▶ 此时"时间轴"面板如图3-81所示。在第200帧按F5键插入帧，"时间轴"面板如图3-82所示。

◀ 图3-81　"时间轴"面板　　　　　　　　　　　　　　　　◀ 图3-82　插入帧

STEP 3 ▶ 新建"名称"为"蒲公英"的"图形"元件，如图3-83所示。使用Flash中的绘图工具，在舞台中绘制蒲公英图形，如图3-84所示。

STEP 4 ▶ 新建"名称"为"白云"的"图形"元件，在舞台中绘制白云图形，如图3-85所示。返回"场景1"编辑状态，新建"图层2"，将"白云"元件从"库"面板中拖入到场景中，并放置在适当的位置，如图3-86所示。

◀ 图3-83　"创建新元件"对话框　　◀ 图3-84　绘制图形　　◀ 图3-85　绘制图形　　　　　◀ 图3-86　拖入元件

STEP 5 ▶ 选择第1帧，执行"插入>补间动画"命令，创建补间动画，如图3-87所示。在第100帧单击，移动舞台中元件的位置，如图3-88所示。

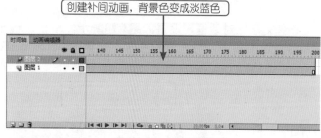

◀ 图3-87　创建补间动画　　　　　　　　　　　　　　◀ 图3-88　调整元件位置

提示

创建补间动画后，"时间轴"面板的背景色变成淡蓝色，如果需要在某一帧改变元件的大小或位置等属性，只需要将光标移至该帧上，调整舞台中的元件，则会在当前帧自动创建关键帧，并显示运动路径。

STEP 6 ▶ 在第200帧单击，移动舞台中元件的位置，如图3-89所示。新建"图层3"，将"蒲公英"元件从"库"面板中拖入到场景中，调整到合适的大小和位置，如图3-90所示。

▼ 图3-89　调整元件位置　　　　　　　　　　　▼ 图3-90　拖入元件

STEP 7　选择第1帧，执行"插入>补间动画"命令，创建补间动画，在第200帧单击，移动舞台中元件的位置，如图3-91所示。使用"选择工具"，移动光标至运动路径边缘，拖动鼠标调整运动路径，如图3-92所示。

STEP 8　使用相同的制作方法，可以制作出其他蒲公英飞舞的补间动画效果。完成动画的制作，执行"文件>保存"命令，将文件保存为"光盘\源文件\第3章\实例21.fla"，按快捷键Ctrl+Enter，测试Flash动画效果，如图3-93所示。

▼ 图3-91　调整元件位置　　▼ 图3-92　调整运动路径　　　　　▼ 图3-93　测试Flash动画效果

实例22　调整补间运动路径——制作飞舞的小蜜蜂动画　🔍　➡

实例 | 目的

本实例的目的是让大家掌握如何调整补间运动路径，补间动画的路径可以直接显示在舞台上，并且有手柄可以调整。如图3-94所示是制作飞舞的小蜜蜂动画的流程图。

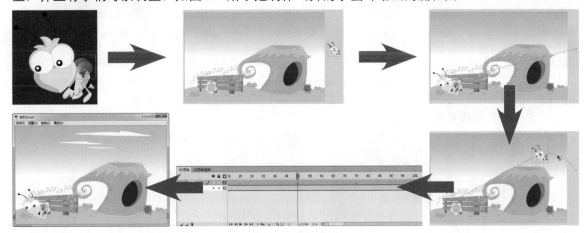

▼ 图3-94　操作流程图

实例 重点

- ★ 创建补间动画
- ★ 调整补间动画运动路径
- ★ 了解补间动画属性

实例 步骤

STEP 1 执行"文件>新建"命令，弹出"新建文档"对话框，设置如图3-95所示。执行"插入>新建元件"命令，新建"名称"为"翅膀1"的"图形"元件，如图3-96所示。

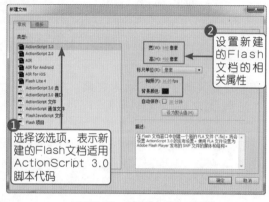

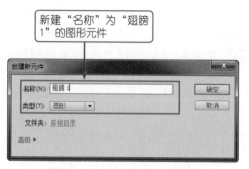

◀ 图3-95 "新建文档"对话框　　　　　　　　　◀ 图3-96 "创建新元件"对话框

STEP 2 使用"椭圆工具"绘制椭圆形，使用"选择工具"对所绘制的椭圆形进行调整，完成翅膀的绘制，如图3-97所示。使用相同的制作方法，新建"名称"为"翅膀2"的"图形"元件，绘制出另一只翅膀，如图3-98所示。

STEP 3 新建"名称"为"翅膀"的"影片剪辑"元件，如图3-99所示。将"翅膀2"元件拖入到舞台中并进行旋转操作，如图3-100所示。

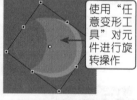

◀ 图3-97 绘制图形　　◀ 图3-98 绘制图形　　◀ 图3-99 "创建新元件"对话框　　◀ 图3-100 旋转元件

STEP 4 新建"图层2"，将"翅膀1"元件拖入到舞台中并进行旋转操作，如图3-101所示。在"图层1"的第2帧按F6键插入关键帧，对该帧上的元件进行旋转操作，如图3-102所示。

STEP 5 在"图层2"的第2帧按F6键插入关键帧，对该帧上的元件进行旋转操作，如图3-103所示。"时间轴"面板如图3-104所示。

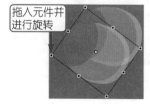
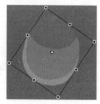
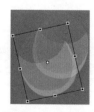
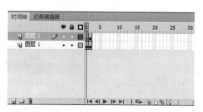

◀ 图3-101 旋转元件　　◀ 图3-102 旋转元件　　◀ 图3-103 旋转元件　　◀ 图3-104 "时间轴"面板

STEP 6 使用相同的制作方法，可以制作出其他的元件，在"库"面板中可以看到所制作的元件，如图3-105所示。新建"名称"为"小蜜蜂"的"影片剪辑"元件，如图3-106所示。

制作出其他的图形元件和影片剪辑元件

新建"名称"为"小蜜蜂"的影片剪辑元件

图3-105　"库"面板　　　　图3-106　"创建新元件"对话框

STEP 7 新建"图层2"，分别将"头部"元件和"眨眼"元件拖入到舞台中，如图3-107所示。选择"图层1"，将"身体"元件和"翅膀"元件分别拖入到舞台中并调整到合适的位置，如图3-108所示。

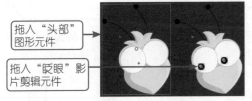

拖入"头部"图形元件

拖入"眨眼"影片剪辑元件

拖入"身体"图形元件

拖入"翅膀"影片剪辑元件

图3-107　拖入元件　　　　图3-108　拖入元件

STEP 8 返回"场景1"编辑状态，执行"文件>导入>导入到舞台"命令，导入素材图像"光盘\源文件\第3章\素材\2201.jpg"，如图3-109所示。在第100帧按F5键插入帧，"时间轴"面板如图3-110所示。

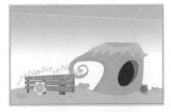

在第100帧插入帧，将"图层1"上的图像素材延续到第100帧位置

图3-109　导入图像　　　　图3-110　"时间轴"面板

STEP 9 新建"图层2"，将"小蜜蜂"元件拖入到舞台中，调整元件的大小，如图3-111所示。选择第1帧，执行"插入>补间动画"命令，创建补间动画，在第100帧单击，调整舞台中元件的大小和位置，生成运动路径，如图3-112所示。

拖入元件并调整到合适的位置和大小

向右下方移动元件，并将其等比例放大

图3-111　拖入元件　　　　图3-112　调整元件位置

STEP10 在第25帧按F6键插入关键帧，使用"选择工具"对运动路径进行调整，如图3-113所示。使用相同的制作方法，分别在第50帧和第75帧按F6键插入关键帧，并分别对各段运动路径进行调整，如图3-114所示。

此处调整的是第1帧至第25帧的运动路径

图3-113 调整运动轨迹

图3-114 调整运动轨迹

提示

使用"选择工具"，将光标移至路径，当指针变为图标时，单击并拖动鼠标即可调整路径。如果需要更改路径端点的位置，可以将光标移至需要改变位置的端点，当光标变成图标时，单击并拖动鼠标即可改变端点位置。如果需要更改整个路径的位置，可以单击路径，当路径线条变成实线后，单击并拖动鼠标即可改变路径位置。

STEP11 完成"图层2"上补间动画的制作，可以看到该图层的时间轴效果，如图3-115所示。新建"图层3"，将"白云飘动"元件拖入到舞台中并调整到合适的位置，如图3-116所示。

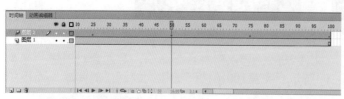

图3-115 "时间轴"面板

拖入元件并调整到合适的位置和大小

图3-116 拖入元件

提示

补间动画是用来创建随着时间移动和变化的动画，并且是能够在最大程度上减少文件占用空间的最有效的方法。

STEP12 新建"图层4"，在第100帧按F6键插入关键帧，执行"窗口>动作"命令，打开"动作"面板，输入脚本代码stop();，如图3-117所示。"时间轴"面板如图3-118所示。

图3-117 "动作"面板

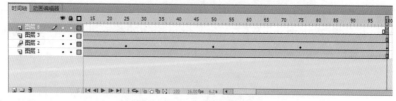

图3-118 "时间轴"面板

提示

传统补间是两个对象生成一个补间动画，而补间动画是一个对象的两个不同状态生成一个补间动画，这样就可以利用补间动画来完成大批量或更为灵活的动画调整。

STEP13 完成动画的制作，执行"文件>保存"命令，将文件保存为"光盘\源文件\第3章\实例22.fla"，按快捷键Ctrl+Enter，测试Flash动画效果，如图3-119所示。

图3-119 测试Flash动画效果

知识 拓展

创建完补间动画后，在"时间轴"面板上单击选择补间动画的任意一帧，即可在"属性"面板上对该帧的相关属性进行设置，如图3-120所示。

图3-120 补间动画的"属性"面板

★ 缓动：用于设置动画播放过程中的速率，单击缓动数值可激活输入框，然后直接输入数值即可。或者将鼠标放置到数值上，当鼠标变成此图标后，左右拖动也可调整数值。数值范围在-100～100之间。当数值为0时，表示正常播放；当数值为负值时，表示先慢后快；当数值为正值时，表示先快后慢。

★ 旋转：用于设置元件实例的角度和旋转次数。

★ 方向：用于设置元件实例的旋转方法。在该下拉列表中包含3个选项，如果选择"无"选项，表示不进行旋转操作；如果选择"顺时针"选项，表示向顺时针方向旋转；如果选择"逆时针"选项，则表示向逆时针方向旋转。

★ 调整到路径：勾选该复选框后，补间对象将随着运动路径随时调整自身的方向。

★ X和Y：设置选区在舞台中的位置。如果改变选区的位置，路径线条也将随之移动。可以通过单击X、Y轴数值激活输入框后输入数值，也可在数值上按住鼠标左键进行左右拖曳调整。

★ 宽和高：改变选区宽度和高度的同时，会对路径曲线进行调整。

★ 锁定：该按钮用于将元件的宽度和高度值固定在同一比例上，当修改其中一个值时，另一个数值也随之变大或变小，再次单击即可解除比例锁定。

★ 同步图形元件：勾选该复选框后，会重新计算补间的帧数，从而匹配时间轴上分配给它的帧数，使图形元件实例的动画与主时间轴同步。该属性适用于当元件中动画序列的帧数不是文档中图形实例占用帧数的偶数倍时。

实例23 传统补间动画——制作卡通角色入场动画

实例 目的

本实例的目的是让大家掌握传统补间动画的制作。构成传统补间动画的元素是元件，包括影片剪辑、图形元件、按钮、文字、位图、组合等，但不能是形状，只有把形状组合（使用快捷键Ctrl+G）或者转换成元件后才可以制作传统补间动画。如图3-121所示是制作卡通角色入场动画的流程图。

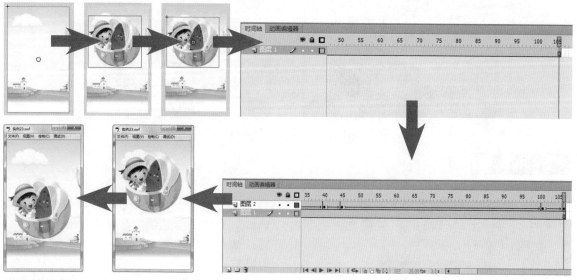

图3-121 操作流程图

实例 重点

★ 创建传统补间动画   ★ 将素材转换为元件

实例 步骤

STEP 1 执行"文件>新建"命令，弹出"新建文档"对话框，设置如图3-122所示，单击"确定"按钮，新建文档。执行"文件>导入>导入到舞台"命令，导入素材图像"光盘\源文件\第3章\素材\2301.png"，如图3-123所示。

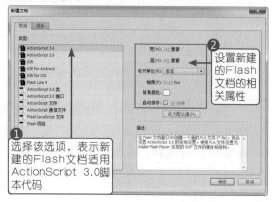

图3-122 "新建文档"对话框

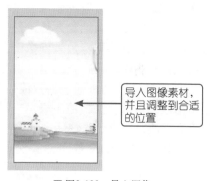

图3-123 导入图像

STEP 2 执行"修改>转换为元件"命令，弹出"转换为元件"对话框，设置如图3-124所示。单击"确定"按钮，将导入的图像素材转换为元件，如图3-125所示。在第105帧按F5键插入帧。

STEP 3 新建"图层2"，导入素材图像"光盘\源文件\第3章\素材\2302.png"，并移至合适的位置，如图3-126所示。将素材图像转换成"名称"为"晃动"的"图形"元件，效果如图3-127所示。

转换成"名称"为"背景"的图形元件

将导人的素材图像转换为元件

导人图像素材，并且调整到合适的位置

将导人的素材图像转换为元件

图3-124 "转换为元件"对话框 图3-125 转换为元件 图3-126 导入素材 图3-127 转换为元件

STEP 4 分别在第40帧、第50帧、第100帧和第105帧按F6键插入关键帧，"时间轴"面板如图3-128所示。分别调整各关键帧上元件的位置，并创建传统补间动画，如图3-129所示。

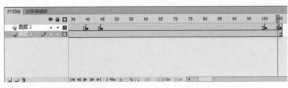

创建传统补间动画

图3-128 插入关键帧

图3-129 创建传统补间动画

| 提 示 |

创建传统补间动画需要先设定起始帧和结束帧的位置，然后在动画对象的起始帧和结束帧之间建立传统补间。在中间的过程中，Flash会自动完成起始帧与结束帧之间的过渡动画。

STEP 5 完成动画的制作，执行"文件>保存"命令，将文件保存为"光盘\源文件\第3章\实例23.fla"，按快捷键Ctrl+Enter，测试Flash动画效果，如图3-130所示。

图3-130 测试Flash动画效果

| 实例24 不透明度——制作图像切换动画

| 实例 目的 |

传统补间动画是指在Flash的"时间轴"面板中的一个关键帧上放置一个元件，然后在另一个关键帧改变这个元件的大小、颜色、位置、透明度等，Flash 将自动根据二者之间的属性变化创建动画。本实例的目的是让大家掌握元件不透明度的设置。如图3-131所示是制作图像切换动画的流程图。

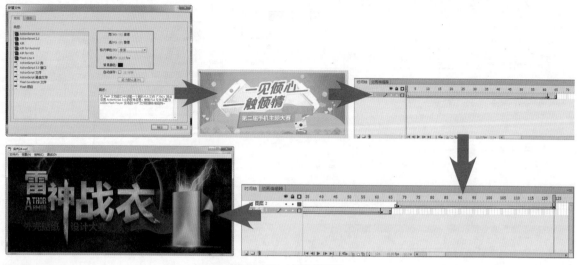

图3-131　操作流程图

★　设置图像的不透明度　　　　　★　掌握传统补间动画

STEP 1　执行"文件>新建"命令，弹出"新建文档"对话框，设置如图3-132所示，单击"确定"按钮，新建文档。执行"文件>导入>导入到舞台"命令，导入素材图像"光盘\源文件\第3章\素材\2401.jpg"，如图3-133所示。

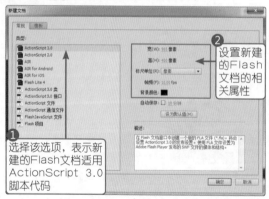

选择该选项，表示新建的Flash文档适用ActionScript 3.0脚本代码

设置新建的Flash文档的相关属性

图3-132　"新建文档"对话框

导入图像素材，并且调整到合适的位置

图3-133　导入素材图像

STEP 2　执行"修改>转换为元件"命令，弹出"转换为元件"对话框，如图3-134所示。单击"确定"按钮，将导入的素材图像转换为元件，如图3-135所示。

将图像素材转换成"名称"为"场景1"的图形元件

图3-134　"转换为元件"对话框

图3-135　图形元件

STEP 3 在第65帧按F5键插入帧，"时间轴"面板如图3-136所示。在第63帧按F6键插入关键帧，"时间轴"面板如图3-137所示。

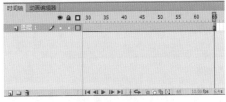 

图3-136 插入帧　　　　　　　　　　图3-137 插入关键帧

STEP 4 选择第1帧上的元件，打开"属性"面板，设置该元件的Alpha值为25%，如图3-138所示，元件效果如图3-139所示。

在"样式"下拉列表中选择Alpha选项，即可设置元件的不透明度

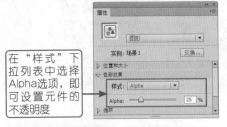 

Alpha值为25%的元件效果

图3-138 "属性"面板　　　　　　　图3-139 元件效果

提 示

Alpha选项可以调整舞台中元件实例的透明度，在选项右侧的文本框中直接输入数值，或者通过调节左侧的滑杆来改变数值的大小。

STEP 5 在第1帧创建传统补间动画，"时间轴"面板如图3-140所示。新建"图层2"，在第68帧按F6键插入关键帧，导入素材图像"光盘\源文件\第3章\素材\2402.jpg"，如图3-141所示。

导入图像素材，并且调整到合适的位置

"图层1"上制作的是元件逐渐显现的动画效果

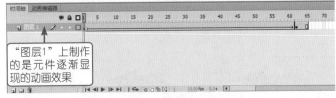 

图3-140 创建传统补间　　　　　　　图3-141 导入素材图像

STEP 6 将素材图像转换成"名称"为"场景2"的"图形"元件，如图3-142所示。在第124帧按F6键插入关键帧，选择第68帧上的元件，在"属性"面板上设置其Alpha值为5%，如图3-143所示。在第68帧创建传统补间动画，"时间轴"面板如图3-144所示。

设置元件的Alpha属性

图3-142 转换为元件　　　　　　　　图3-143 元件效果

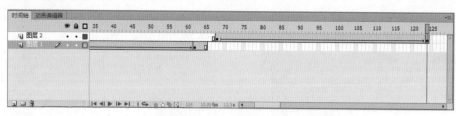

■ 图3-144 "时间轴"面板

STEP 7 完成动画的制作，执行"文件>保存"命令，将文件保存为"光盘\源文件\第3章\实例24.fla"，按快捷键Ctrl+Enter，测试Flash动画效果，如图3-145所示。

■ 图3-145 测试Flash动画效果

| 实例25 动画层次——制作文字淡入淡出动画

实例 目的

本实例制作了文字淡入淡出动画，主要讲解通过传统补间动画实现淡入淡出动画效果的方法。本实例的目的是了解并掌握淡入淡出动画的制作方法和技巧，并对传统补间动画有更深的了解。如图3-146所示是制作文字淡入淡出动画的流程图。

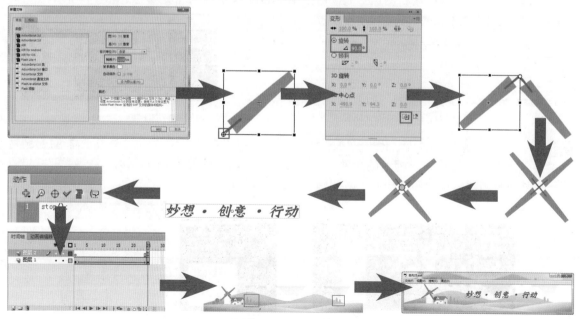

■ 图3-146 操作流程图

实例 **重点** ✍

* ✴ 创建传统补间动画
* ✴ 掌握淡入淡出动画的原理
* ✴ 设置元件Alpha的值
* ✴ 掌握逐帧动画的应用

实例 **步骤** ✍

STEP 1 ▶ 执行"文件>新建"命令，弹出"新建文档"对话框，设置如图3-147所示，单击"确定"按钮，新建文档。执行"插入>新建元件"命令，新建"名称"为"风车叶"的"图形"元件，如图3-148所示。

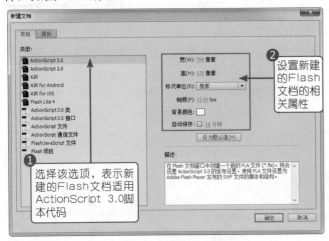

■ 图3-147 "新建文档"对话框

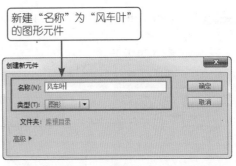

■ 图3-148 "创建新元件"对话框

STEP 2 ▶ 使用"矩形工具"，设置"笔触颜色"为无，"填充颜色"为#248AD0，在画布中绘制矩形，如图3-149所示。使用"选择工具"，调整矩形的形状，如图3-150所示。使用"任意变形工具"，对图形进行旋转操作，如图3-151所示。

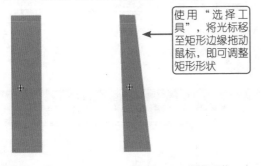

■ 图3-149 绘制矩形　　■ 图3-150 调整形状

■ 图3-151 旋转图形

STEP 3 ▶ 使用"矩形工具"，设置"笔触颜色"为无，"填充颜色"为#175B88，在"属性"面板中进行设置，如图3-152所示。在舞台中绘制圆角矩形，使用"任意变形工具"，对圆角矩形进行旋转操作并调整到合适的位置，如图3-153所示。

STEP 4 ▶ 新建"名称"为"风车"的"图形"元件，将"风车叶"元件从"库"面板中拖入到场景中，如图3-154所示。使用"任意变形工具"，更改"中心点"的位置，如图3-155所示。

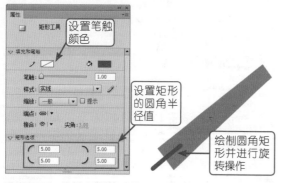

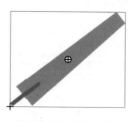

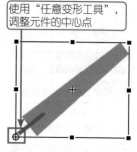

◀ 图3-152　设置"属性"面板　◀ 图3-153　绘制圆角矩形　　◀ 图3-154　拖入元件　　　◀ 图3-155　调整元件中心点

STEP 5 打开"变形"面板进行设置，如图3-156所示。单击该面板上的"重制选区和变形"按钮，复制该元件，如图3-157所示。

STEP 6 使用相同的制作方法，可以再次复制出需要的元件，如图3-158所示。新建"图层2"，使用"椭圆工具"，设置"笔触颜色"为#175B88，"填充颜色"为#FFCC33，在舞台中绘制正圆形，如图3-159所示。

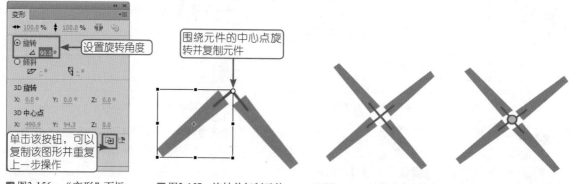

◀ 图3-156　"变形"面板　　◀ 图3-157　旋转并复制元件　　◀ 图3-158　旋转并复制元件　　◀ 图3-159　绘制正圆形

STEP 7 新建"名称"为"风车动画"的"影片剪辑"元件，如图3-160所示。将"风车"元件从"库"面板中拖入到场景中，在第45帧按F6键插入关键帧，在第1帧上创建传统补间动画，如图3-161所示。

◀ 图3-160　"创建新元件"对话框　　　　　　◀ 图3-161　"时间轴"面板

STEP 8 打开"属性"面板，设置"旋转"属性，如图3-162所示。执行"插入>新建元件"命令，新建"名称"为"文字"的"图形"元件，如图3-163所示。

STEP 9 使用"文本工具"，在"属性"面板中对文本的属性进行设置，如图3-164所示。在舞台中单击并输入文字，如图3-165所示。

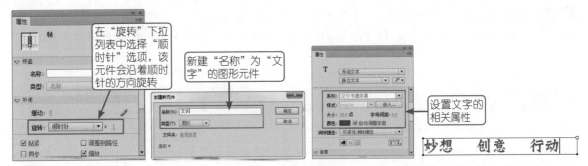

■ 图3-162　"属性"面板　■ 图3-163　"创建新元件"对话框　■ 图3-164　设置文本属性　■ 图3-165　输入文字

STEP10 按快捷键Ctrl+B两次，将文字创建轮廓，如图3-166所示。使用"椭圆工具"，设置"笔触颜色"为无，"填充颜色"为# 993366，在舞台中绘制正圆形，如图3-167所示。

将文字创建为轮廓后，文字变为图形，不再具有文字属性

妙想　创意　行动　　妙想·创意·行动

■ 图3-166　将文字创建轮廓　　　　　　　　■ 图3-167　绘制正圆形

STEP11 选中所有文字图形，执行"窗口>变形"命令，打开"变形"面板，设置如图3-168所示。舞台中的文字图形发生倾斜，效果如图3-169所示。

STEP12 新建"名称"为"文字动画"的"影片剪辑"元件，将"文字"元件从"库"面板中拖入到场景中，如图3-170所示。在第25帧按F6键插入关键帧，选择第1帧上的元件，设置该帧上元件的Alpha值为0%，如图3-171所示。

■ 图3-168　"变形"面板　■ 图3-169　倾斜图形　■ 图3-170　拖入元件　•　■ 图3-171　元件效果

STEP13 选择第25帧上的元件，将该帧上的元件向上移动。在第1帧创建传统补间动画，如图3-172所示。新建"图层2"，在第25帧按F6键插入关键帧，打开"动作"面板，输入脚本代码stop();，如图3-173所示。

STEP14 新建"名称"为"树动画"的"影片剪辑"元件，使用"钢笔工具"在舞台中绘制树图形，如图3-174所示。然后分别在第10帧、第12帧、第14帧、第16帧、第18帧按F6键插入关键帧，分别对各关键帧上的图形进行修改，"时间轴"面板如图3-175所示。

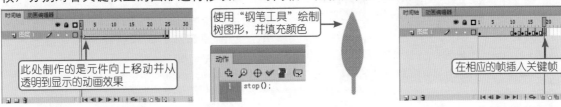

■ 图3-172　"时间轴"面板　■ 图3-173　输入代码　■ 图3-174　绘制图形　■ 图3-175　"时间轴"面板

STEP15 返回"场景1"编辑状态，导入素材图像"光盘\源文件\第3章\素材\2501.jpg"，如图3-176所示。新建"图层2"，将"风车动画"元件从"库"面板中拖入到场景中，如图3-177所示。

拖入元件并调整元件到合适的位置和大小

◀图3-176　导入素材图像　　　　　　　　　　◀图3-177　拖入元件

STEP16 新建"图层3"，将"树动画"元件从"库"面板中拖入到场景中，如图3-178所示。使用相同的制作方法，新建"图层4"至"图层7"，分别拖入"树动画"元件，并调整到不同的大小和位置，如图3-179所示。

◀图3-178　拖入元件　　　　　　　　　　◀图3-179　拖入元件

STEP17 新建"图层8"，将"文字动画"元件从"库"面板中拖入到场景中，如图3-180所示。完成动画的制作，执行"文件>保存"命令，将文件保存为"光盘\源文件\第3章\实例25.fla"，按快捷键Ctrl+Enter，测试Flash动画效果，如图3-181所示。

◀图3-180　拖入元件　　　　　　　　　　◀图3-181　测试动画效果

知识 ▶ **拓展**

创建传统补间动画后，在"时间轴"面板上单击选中传统补间动画上的任意一帧，即可在"属性"面板上对该帧的相关属性进行设置，如图3-182所示。

◀图3-182　传统补间动画的"属性"面板

★ 名称：用于标记该传统补间动画，在文本框中输入动画名称后，在时间轴中的前面会显示该名称。

★ 类型：在该属性的下拉列表中包含3种类型的标签，分别为名称、注释和锚记。

★ 贴紧：勾选该复选框后，当使用辅助线对对象进行定位时，能够使对象紧贴辅助线，从而能够更加精确地绘制和安排对象。

★ 缩放：勾选该复选框后，在制作缩放动画时，会随着帧的移动逐渐变大或变小；若取消勾选，则只在结束帧直接显示缩放后的对象大小。

第4章

Flash CS6

I 制作高级动画

本章主要在Flash基础动画上更加深入地讲解了动画的一些高级技巧和综合运用，使读者对Flash动画进行更深层次的了解。特别从Flash CS4开始，Flash中添加了3D工具和骨骼工具，通过这类工具可以增强Flash动画的3D立体空间感。

I 本章重点 ★

- 制作卡通儿童乐园动画
- 制作图像3D旋转动画
- 制作快乐宝宝动画
- 制作3D平移动画
- 制作滑动式遮罩动画
- 制作活动宣传遮罩动画
- 制作人物跑动骨骼动画
- 制作游动的鱼

实例26 引导层动画——制作卡通儿童乐园动画

实例 目的

在制作此类动画时，要知道动画的制作原理和方法，否则容易出现动画的协调问题。本实例要求读者掌握传统补间动画和引导层动画的制作方法，结合这两种方法制作出卡通儿童乐园动画。如图4-1所示为制作儿童乐园动画的流程。

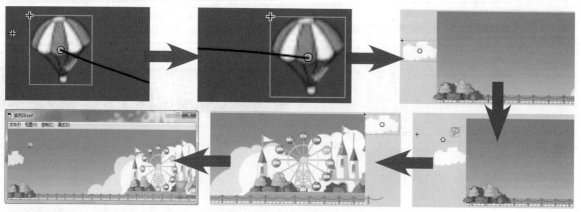

图4-1 操作流程图

实例 重点

★ 掌握传统补间动画的制作方法　　★ 掌握新建传统运动引导层的方法
★ 掌握引导层动画的制作方法

实例 步骤

STEP 1 执行"文件>新建"命令，弹出"新建文档"对话框，对相关选项进行设置，如图4-2所示。执行"插入>新建元件"命令，新建"名称"为"降落伞"的"影片剪辑"元件，如图4-3所示。

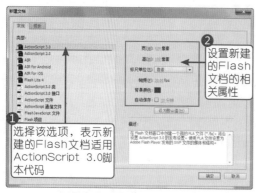

图4-2 "新建文档"对话框

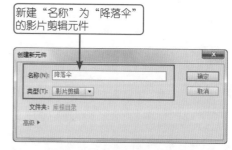

图4-3 "创建新元件"对话框

STEP 2 在第40帧按F6键插入关键帧，导入素材图像"光盘\源文件\第4章\素材\2607.png"，如图4-4所示。将该素材图像转换成"名称"为"伞1"的"图形"元件，如图4-5所示，在第480帧按F5键插入帧。

将导人的素材图像与舞台原点居中对齐

转换"名称"为"伞1"的图形元件

◀ 图4-4 导入素材　　◀ 图4-5 "转换为元件"对话框

STEP 3 为"图层1"添加传统运动引导层，在第40帧按F6键插入关键帧，使用"钢笔工具"在舞台中绘制降落伞运动路径，在第415帧按F5键插入帧，如图4-6所示。

◀ 图4-6 绘制路径

STEP 4 选择"图层1"第40帧上的元件，将其移至路径的一端，使其中心点与路径端点相重合，如图4-7所示。在第415帧按F6键插入关键帧，调整元件到路径另一端点上，如图4-8所示。

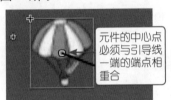

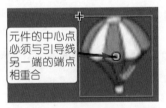

元件的中心点必须与引导线一端的端点相重合

元件的中心点必须与引导线另一端的端点相重合

◀ 图4-7 移动到左端　　◀ 图4-8 移动到右端

提示

引导动画是通过引导层来实现的，主要用来制作沿轨迹运动的动画效果。如果创建的动画为补间动画，则会自动生成引导线，并且该引导线可以进行任意调整；如果创建的动画是传统补间动画，那么则需要先使用绘图工具绘制路径，再将对象移至紧贴开始帧的开头位置，最后将对象拖动至结束帧的结尾位置即可。

提示

对象的中心必须与引导线相连，才能使对象沿着引导线自由运动。位于运动起始位置的对象的中心通常会自动连接到引导线，但是结束位置的对象则需要手动进行连接。如果对象的中心没有和引导线相连，那么对象便不能沿着引导线自由运动。

STEP 5 在第40帧创建传统补间动画，如图4-9所示。使用相同的制作方法，新建图层，导入素材图像，同样可以完成引导层动画的制作，如图4-10所示。

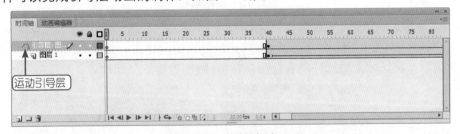

运动引导层

◀ 图4-9 创建补间动画

◀ 图4-10 导入素材完成引导层动画

STEP 6 返回"场景1"编辑状态，导入素材图像"光盘\源文件\第4章\素材\2601.jpg"，在第730帧按F5键插入帧，如图4-11所示。

◀ 图4-11　导入素材

STEP 7▶ 新建"图层2"，导入素材图像"光盘\源文件\第4章\素材\2604.png"，将该图像转换成
"名称"为"鸭子"的"图形"元件，调整元件到合适的位置，如图4-12所示。在第600帧按F6
键插入关键帧，将该帧上的元件向左移动到合适的位置，在第1帧创建传统补间动画，如图4-13
所示。

导入素材图像并转换为元件，调整到合适的位置

◀ 图4-12　导入素材

把元件从右端移到左端时，按住Shift键可以保持水平移动

◀ 图4-13　创建补间动画

STEP 8▶ 新建"图层3"，导入素材图像"光盘\源文件\第4章\素材\2605.png"，并调整素材图像
到合适的位置，如图4-14所示。

◀ 图4-14　导入素材

STEP 9▶ 新建"图层4"，导入素材图像"光盘\源文件\第4章\素材\2603.png"，将该图像转换成
"名称"为"领头云"的"图形"元件，调整元件到合适的位置，如图4-15所示。在第730帧按
F6键插入关键帧，将该帧上的元件向右移动，在第1帧创建传统补间动画，如图4-16所示。

导入素材图像并转换为元件，调整到合适的位置

◀ 图4-15　导入素材

制作云彩从左向右飘动的动画效果

◀ 图4-16　创建补间动画

STEP10▶ 新建"图层5"，将"降落伞"元件拖入到舞台中并调整到合适的位置，如图4-17所示。
新建"图层6"，在第55帧按F6键插入关键帧，导入素材图像，根据"图层4"相同的制作方
法，完成"图层6"上动画的制作，如图4-18所示。

拖人元件并调整到
合适的位置，双击
元件，可以进入
到元件的编辑状态
中，查看元件位置
是否合适

◀ 图4-17 调整位置

◀ 图4-18 创建补间动画

提 示

使用"任意变形工具"选择对象后，要将鼠标指针移动到角控制点上，按住Shift键，当鼠标指针变成倾斜的双向箭头时拖动，才能对对象进行等比例的缩放操作。

STEP11 完成动画的制作，执行"文件>保存"命令，将动画保存为"光盘\源文件\第4章\实例26.fla"，按快捷键Ctrl+Enter，测试Flash动画效果，如图4-19所示。

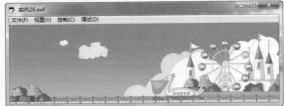

◀ 图4-19 测试Flash动画效果

实例27 多引导层动画——制作快乐宝宝动画

实例 目的

本实例要求读者掌握如何用关键帧使被引导元件的中心和引导路径更吻合。首先使用逐帧动画制作出蝴蝶、宝宝和场景中的花朵等，再使用传统动画、引导动画制作出蝴蝶飞舞的效果。如图4-20所示制作快乐宝宝动画的流程。

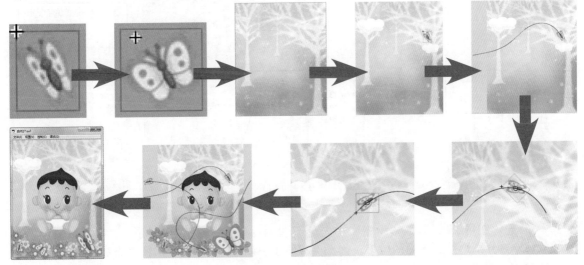

◀ 图4-20 操作流程图

　　★ 掌握逐帧动画的制作方法　　　　　　　★ 掌握传统运动引导层的创建方法
　　★ 掌握引导层动画中元件的调整方法　　　★ 掌握多引导层动画的制作方法

实例 步骤

STEP 1 执行"文件>新建"命令，弹出"新建文档"对话框，设置如图4-21所示，单击"确定"
按钮，新建文档。执行"插入>新建元件"命令，新建"名称"为"蝴蝶动画1"的"影片剪
辑"元件，如图4-22所示。

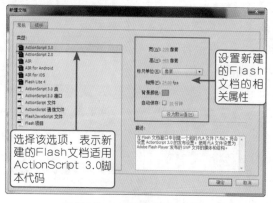

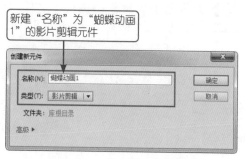

图4-21 "新建文档"对话框　　　　　　　　　　图4-22 "创建新元件"对话框

STEP 2 导入素材图像"光盘\源文件\第4章\素材\2704.png"，在第5帧按F5键插入帧，新建"图
层2"，在第5帧按F6键插入关键帧，导入素材图像2705.png，如图4-23所示。在第9帧按F5键插
入帧，如图4-24所示。

STEP 3 使用相同的制作方法，可以制作出其他的一些元件，在"库"面板中可以看到这些元
件，如图4-25所示。返回"场景1"编辑状态，导入素材图像"光盘\源文件\第4章\素材\2701.
jpg"，在第220帧按F5键插入帧，如图4-26所示。

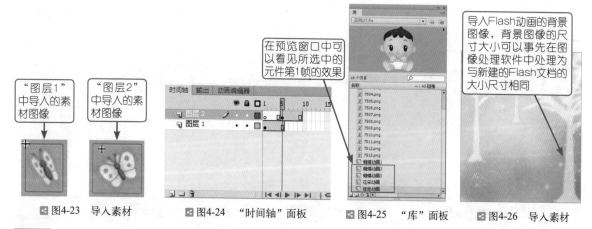

图4-23 导入素材　　　　图4-24 "时间轴"面板　　　　图4-25 "库"面板　　　图4-26 导入素材

STEP 4 新建"图层2"，导入素材图像"光盘\源文件\第4章\素材\2702.png"，再导入素材图像
2703.png，并分别调整到合适的位置，如图4-27所示。新建"图层3"，将"蝴蝶动画1"元件拖
入到舞台中，如图4-28所示。

STEP 5 为"图层3"添加传统运动引导层,使用"钢笔工具",在舞台中绘制运动路径,如图4-29所示。在"图层3"第20帧按F6键插入关键帧,调整该帧上元件的位置及方向,如图4-30所示。

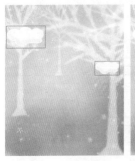
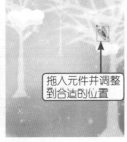
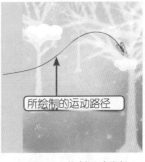
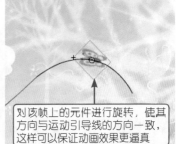

拖入元件并调整到合适的位置

所绘制的运动路径

对该帧上的元件进行旋转,使其方向与运动引导线的方向一致,这样可以保证动画效果更逼真

◁ 图4-27 导入素材　　◁ 图4-28 拖入元件　　◁ 图4-29 绘制运动路径　　◁ 图4-30 调整元件位置及方向

STEP 6 使用相同的制作方法,分别在第40帧和第75帧按F6键插入关键帧,并分别调整这两个关键帧上元件的位置和方向,如图4-31所示。分别在第1帧、第20帧和第40帧创建传统补间动画。

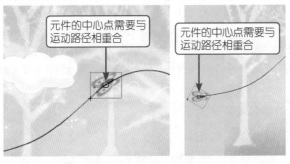

元件的中心点需要与运动路径相重合

元件的中心点需要与运动路径相重合

◁ 图4-31 调整元件位置及方向

提 示

先创建传统补间动画,接着在传统补间中插入相应的关键帧并进行调整,这种方式可以在不影响动画效果的同时为动画添加一些特殊的效果。

STEP 7 新建"图层5",将"娃娃动画"元件从"库"面板拖入到舞台中,如图4-32所示。新建"图层6",将"花朵动画"元件多次拖入到舞台中并分别调整到合适的位置,如图4-33所示。

STEP 8 新建"图层7",将"蝴蝶动画2"元件拖入到舞台中,如图4-34所示。新建"图层8",将"蝴蝶动画3"元件拖入到舞台中,如图4-35所示。

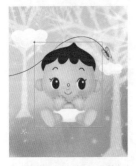

多次拖入"花朵动画"元件,调整其到合适的位置

拖入元件并调整到合适的位置

拖入元件并调整到合适的位置

◁ 图4-32 拖入元件　　◁ 图4-33 拖入元件　　◁ 图4-34 拖入元件　　◁ 图4-35 拖入元件

提 示

制作路径跟随动画时,有时希望元件垂直于路径运动,需要勾选动画"属性"面板上的"调整到路径"。

STEP 9 使用相同的制作方法，可以制作出其他图层中的引导动画效果，场景效果如图4-36所示，"时间轴"面板如图4-37所示。

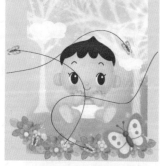

图4-36 场景效果

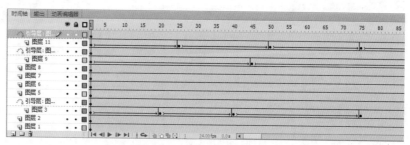

图4-37 "时间轴"面板

> **提 示**
>
> 在Flash中创建引导动画需要两个图层，分别为绘制路径的图层、在开始和结束的位置应用传统补间动画的图层。引导层在Flash中最大的特点在于，其一，在绘制图形时，引导层可以帮助对象对齐；其二，由于引导层不能导出，因此不会显示在发布的SWF文件中。在Flash CS6中，任何图层都可以使用引导层。当一个图层作为引导层时，则该图层名称的左侧会显示引导线图标。

STEP10 完成动画的制作，执行"文件>保存"命令，将动画保存为"光盘\源文件\第4章\实例27.fla"，按快捷键Ctrl+Enter，测试Flash动画效果，如图4-38所示。

图4-38 测试Flash动画效果

知识 拓展

创建引导动画有两种方法，一种是在需要创建引导动画的图层上单击鼠标右键，在弹出的菜单中选择"添加传统运动引导层"命令即可；另一种是首先在需要创建引导动画的图层上单击鼠标右键，在弹出的菜单中选择"引导层"命令，将其自身变为引导层后，再将其他图层拖动到该引导层中，使其归属于引导层即可。

在Flash中绘制图像时，引导层可以起到辅助静态对象定位的作用，并且可以单独使用，无须使用被引导层。此外，层上的内容和辅助线的作用差不多，不会被输出。

实例28　遮罩动画——制作滑动式遮罩动画

实例　目的

通过遮罩动画能够制作出很多极富创意色彩的Flash动画，遮罩动画是Flash动画中一种常见的动画形式，是通过遮罩层来显示需要展示的动画效果。本实例的目的是使读者掌握遮罩动画的创建方法。如图4-39所示为制作滑动遮罩动画的流程。

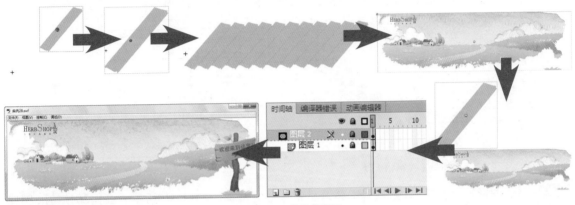

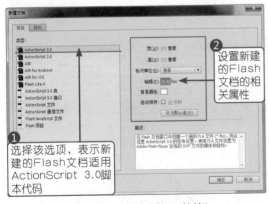

图4-39　操作流程图

实例　重点

★　掌握传统补间动画的制作方法　　　　★　理解遮罩动画的原理

★　掌握创建遮罩动画的方法

实例　步骤

STEP 1 执行"文件>新建"命令，弹出"新建文档"对话框，设置如图4-40所示，单击"确定"按钮，新建文档。执行"插入>新建元件"命令，新建"名称"为"图像1"的"图形"元件，如图4-41所示。

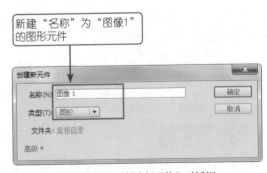

图4-40　"新建文档"对话框　　　　　　图4-41　"创建新元件"对话框

STEP 2 导入素材图像"光盘\源文件\第4章\素材\2801.jpg"，如图4-42所示。执行"插入>新建元件"命令，新建"名称"为"图形1"的"图形"元件，如图4-43所示。

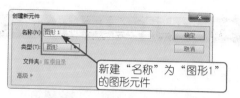

◁ 图4-42　导入素材图像　　　　　　　　　　◁ 图4-43　"创建新元件"对话框

STEP 3 ▷ 使用"钢笔工具"，在舞台中绘制图形，如图4-44所示。执行"插入>新建元件"命令，新建"名称"为"图形动画"的"影片剪辑"元件，如图4-45所示。

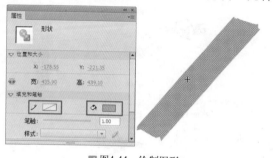

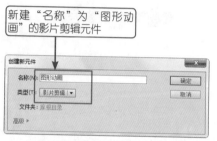

◁ 图4-44　绘制图形　　　　　　　　　　　　◁ 图4-45　"创建新元件"对话框

STEP 4 ▷ 将"图形1"元件拖入到舞台中并调整到合适的位置，如图4-46所示。在第20帧按F6键插入关键帧，将元件向左下方移动，如图4-47所示。在第1帧创建传统补间动画，在第183帧按F5键插入帧，如图4-48所示。

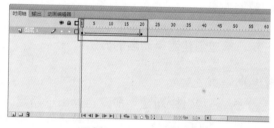

◁ 图4-46　拖入元件　　◁ 图4-47　调整元件位置　　　　◁ 图4-48　"时间轴"面板

STEP 5 ▷ 使用相同的制作方法，可以完成"图层2"至"图层11"上动画效果的制作，场景效果如图4-49所示，"时间轴"面板如图4-50所示。

该影片剪辑中所制作的动画将作为遮罩层使用，实现动态的连续遮罩效果

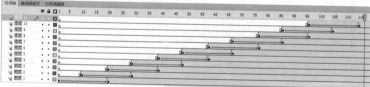

◁ 图4-49　场景效果　　　　　　　　　　　◁ 图4-50　"时间轴"面板

提示

遮罩层上可以是图形，也可以是元件。而对于元件来说，可以是图形、按钮也可以是影片剪辑。对于笔触对象，则不可以作为遮罩层使用。

STEP 6 ▷ 新建"图层12"，在第183帧按F6键插入关键帧，打开"动作"面板，输入脚本语言，

如图4-51所示。执行"插入>新建元件"命令，新建"名称"为"遮罩动画"的"影片剪辑"元件，如图4-52所示。

图4-51 输入脚本语言

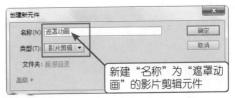

图4-52 "创建新元件"对话框

STEP 7 将"图像1"元件从"库"面板拖入到舞台中，如图4-53所示。新建"图层2"，将"图形动画"元件拖入到舞台中，并调整到合适的位置，如图4-54所示。

图4-53 拖入元件

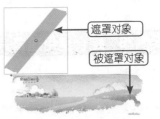

图4-54 拖入元件

STEP 8 在"图层2"上单击鼠标右键，在弹出的菜单中选择"遮罩层"命令，将"图层2"设置为遮罩层，创建遮罩动画，如图4-55所示。返回到"场景1"的编辑状态，将"遮罩动画"影片剪辑元件拖曳到场景中，如图4-56所示。

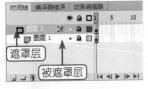

图4-55 创建遮罩动画

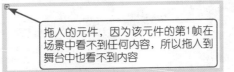

图4-56 拖入元件

提 示

默认情况下，创建遮罩动画后会自动将遮罩层和被遮罩层锁定，这样可以在舞台中看到遮罩动画的效果。

STEP 9 执行"文件>导入>打开外部库"命令，打开外部素材库文件"光盘\源文件\第4章\实例28-素材.fla"，如图4-57所示。新建"图层2"，从"外部库"面板中将"树动画"元件拖入到舞台中，并调整到合适的位置，如图4-58所示。

图4-57 "外部库"面板

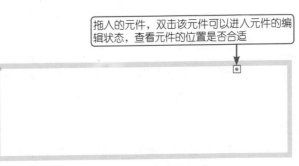

图4-58 拖入元件

STEP10 完成动画的制作，执行"文件>保存"命令，将动画保存为"光盘\源文件\第4章\实例28.fla"，按快捷键Ctrl+Enter，测试Flash动画效果，如图4-59所示。

遮罩动画的效果

◀ 图4-59　测试Flash动画

提　示

测试动画效果时，按Enter键可以暂停动画播放，再次按Enter键可以继续播放动画。

实例29　综合运用遮罩——制作活动宣传遮罩动画

实例 **目的**

本实例制作活动宣传遮罩动画，通过多图层遮罩的形式制作出大树显示的动画效果，将遮罩动画与补间形状动画和传统补间动画相结合，展现动画的整体效果。本实例的目的是使读者掌握遮罩动画的综合运用方法。如图4-60所示为制作活动宣传遮罩动画的流程。

◀ 图4-60　操作流程图

实例 **重点**

★　掌握补间形状动画的制作方法　　　　★　掌握遮罩动画的制作方法
★　理解多图层遮罩的运用

实例 **步骤**

STEP 1 执行"文件>新建"命令，弹出"新建文档"对话框，设置如图4-61所示，单击"确定"按钮，新建文档。执行"插入>新建元件"命令，新建"名称"为"树动画"的"影片剪辑"元件，如图4-62所示。

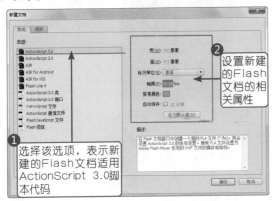

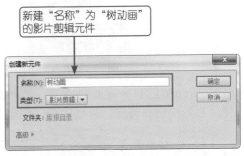
新建"名称"为"树动画"的影片剪辑元件

图4-61 "新建文档"对话框   图4-62 "创建新元件"对话框

STEP 2 导入素材图像"光盘\源文件\第4章\素材\2902.png"，将其转换成"名称"为"树"的"图形"元件，在第210帧按F5键插入帧，如图4-63所示。新建"图层2"，使用"矩形工具"在舞台中合适的位置绘制矩形，如图4-64所示。在第65帧按F6键插入关键帧，调整该帧上矩形的大小，如图4-65所示。

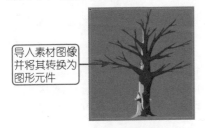
导入素材图像并将其转换为图形元件

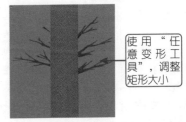
使用"任意变形工具"，调整矩形大小

图4-63 导入素材图像   图4-64 绘制矩形   图4-65 调整矩形大小

STEP 3 在第1帧创建补间形状动画，将"图层2"设置为遮罩层，创建遮罩动画，如图4-66所示。新建"图层3"，在第66帧按F6键插入关键帧，将"树"元件拖入到舞台中并调整到合适的位置，如图4-67所示。

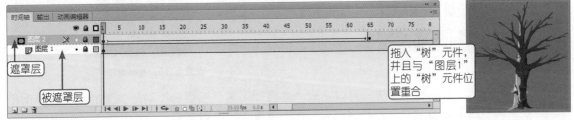
拖入"树"元件，并且与"图层1"上的"树"元件位置重合

遮罩层

被遮罩层

图4-66 "时间轴"面板   图4-67 拖入元件

提 示

遮罩就像是个窗口，将遮罩项目放置在需要用作遮罩的图层上，通过遮罩可以看到下面链接层的区域，而其余所有的内容都会被遮罩层的其余部分隐藏。

STEP 4 新建"图层4"，在第66帧按F6键插入关键帧，使用"矩形工具"在舞台中绘制两个矩形，如图4-68所示。在第85帧按F6键插入关键帧，分别调整两个矩形的形状和大小，如图4-69所示。

◀ 图4-68　绘制两个矩形

◀ 图4-69　调整矩形形状和大小

STEP 5　在第66帧创建补间形状动画，将"图层4"设置为遮罩层，创建遮罩动画，如图4-70所示。使用相同的制作方法，可以完成"图层5"至"图层8"上遮罩动画的制作，如图4-71所示。

◀ 图4-70　创建遮罩动画

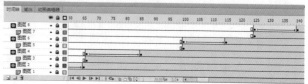

◀ 图4-71　"时间轴"面板

提　示

选择需要设置为被遮层的图层，执行"修改>时间轴>图层属性"命令，弹出"图层属性"对话框，在"类型"选项中选择"被遮罩"选项。

STEP 6　新建"图层9"，在第55帧按F6键插入关键帧，导入素材图像"光盘\源文件\第4章\素材\2903.png"，将其转换成"名称"为"树叶1"的"图形"元件，如图4-72所示。在第70帧按F6键插入关键帧，选择第55帧上的元件，设置其Alpha值为0%，在第55帧创建传统补间动画，如图4-73所示。

◀ 图4-72　导入素材

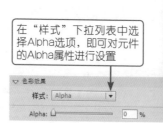

◀ 图4-73　设置元件的Alpha值

STEP 7　根据"图层9"的制作方法，可以完成"图层10"至"图层16"动画效果的制作，并用根据动画效果调整图层的叠放顺序，场景效果如图4-74所示，"时间轴"面板如图4-75所示。

◀ 图4-74　场景效果

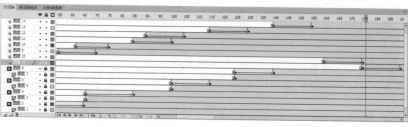

◀ 图4-75　"时间轴"面板

STEP 8 在"图层14"上方新建"图层17"，在第210帧按F6键插入关键帧，打开"动作"面板，输入脚本代码stop();，如图4-76所示。使用相同的制作方法，可以制作出其他元件，在"库"面板中可以看到这些元件，如图4-77所示。

STEP 9 返回"场景1"编辑状态，导入图像"光盘\源文件\第4章\素材\2901.jpg"，在第210帧按F5键插入帧，如图4-78所示。新建"图层2"，将"树动画"元件从"库"面板拖入到场景中并调整到合适的位置，如图4-79所示。

◁ 图4-76 输入脚本代码 ◁ 图4-77 "库"面板 ◁ 图4-78 导入素材图像 ◁ 图4-79 拖入元件

STEP10 新建"图层3"，在第90帧按F6键插入关键帧，将"男友周年庆"元件拖入到舞台中，如图4-80所示。在第150帧按F6键插入关键帧，选择第90帧上的元件，设置其Alpha值为0%，在第90帧创建传统补间动画，如图4-81所示。

◁ 图4-80 拖入元件

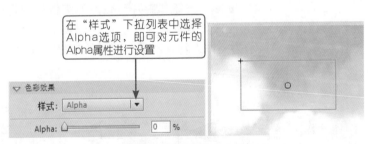

◁ 图4-81 设置元件Alpha值

提示

如果需要解除遮罩层与被遮罩层之间的关系，可以选中需要解除遮罩与被遮罩关系的图层，执行"修改>时间轴>图层属性"命令，弹出"图层属性"对话框，在"类型"选项中选择"一般"选项，单击"确定"按钮。

STEP11 新建"图层4"，在第200帧按F6键插入关键帧，将"文字动画"元件拖入到舞台中，并调整到合适的位置，如图4-82所示。新建"图层5"，在第210帧按F6键插入关键帧，打开"动作"面板，输入脚本代码stop();，如图4-83所示。

STEP12 完成动画的制作，执行"文件>保存"命令，将动画保存为"光盘\源文件\第4章\实例29.fla"，按快捷键Ctrl+Enter，测试Flash动画效果，如图4-84所示。

◀ 图4-82　拖入元件　　◀ 图4-83　输入脚本代码　　◀ 图4-84　测试Flash动画效果

知识　拓展

在创建遮罩动画时，一般情况下，一个遮罩动画中可以同时存在多个被遮罩图层，但是一个遮罩层只能包含一个遮罩项目，遮罩项目可以是填充的形状、影片剪辑、文字对象或者图形。按钮内部不能存在遮罩层，并且不能将一个遮罩应用于另一个遮罩，但是可以将多个图层组织在一个遮罩项目下来创建更加复杂的遮罩动画效果。

在创建动态的遮罩动画时，对于不同的对象需要使用不同的方法。如果是对于填充的对象，则可以使用补间形状；如果是对于文字、影片剪辑或者图形对象，则可以使用补间动画或传统补间动画。

实例30　为元件添加骨骼——制作人物跑动骨骼动画

实例　目的

本实例的目的是使读者掌握使用"骨骼工具"为元件创建骨骼系统并制作动画效果。通过"骨骼工具"可以向图形、按钮和影片剪辑元件实例添加骨骼系统。如果需要使用文本，则首先需要将文本转换为元件，或者将文本通过"分离"命令转换为单独的形状，并对各形状使用骨骼。如图4-85所示为制作人物跑动骨骼动画的流程。

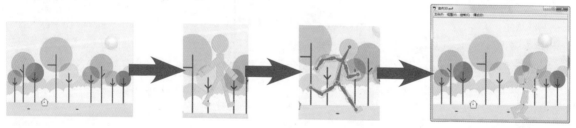

◀ 图4-85　操作流程图

实例　重点

★　了解骨骼动画　　　　　　　　　　★　掌握"骨骼工具"的使用方法

★　掌握在多个元件之间创建骨骼系统　★　掌握姿势的调整方法

实例　步骤

STEP 1　执行"文件>新建"命令，弹出"新建文档"对话框，设置如图4-86所示，单击"确定"按钮，新建文档。导入素材图像"光盘\源文件\第4章\素材\3001.jpg"，在第40帧按F5键插入帧，如图4-87所示。

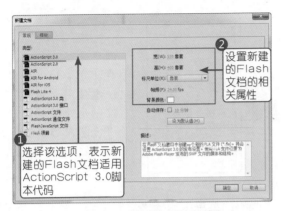

图4-86 "新建文档"对话框 　　　　图4-87 导入素材图像

STEP 2 使用"椭圆工具"和"矩形工具"在舞台中绘制图形,如图4-88所示。分别选中图形,按F8键将其转换为相应的图形元件,如图4-89所示。

STEP 3 使用"任意变形工具",分别选中图形元件,调整其中心点位置,如图4-90所示。使用"骨骼工具",选中"臀部"元件,按住鼠标左键向上拖曳,创建骨骼,如图4-91所示。

图4-88 绘制图形 　　图4-89 转换成元件 　　图4-90 调整元件中心点 　　图4-91 创建躯干骨骼

提 示

和传统补间动画一样,在进行动作的设置之前,要确定中心点的位置。单击工具箱中的"任意变形工具"按钮■后,骨骼会隐藏,剩下骨骼的关节点,也就是元件的中心点,把中心点调整到关节弯曲的位置上。

提 示

在创建骨骼系统之前,元件实例可以在不同的图层上。添加骨骼系统时,Flash会自动将它们移动到新的图层中。

STEP 4 继续创建骨骼系统,将腿部元件依次连接,如图4-92所示。使用相同的制作方法,将人物手臂和人物头部依次连接,如图4-93所示。

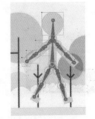

图4-92 创建腿部骨骼 　　图4-93 创建手臂骨骼

提 示

骨骼又称为骨架,在父子层级结构中,骨架中的骨骼彼此相连。骨架可以是线性的或分支的。源于同一骨骼分支称为同级,骨骼之间的连接点称为关节。

STEP 5 使用"选择工具"调整骨骼系统,如图4-94所示。在"时间轴"面板的第20帧位置单击鼠标右键,在弹出的菜单中选择"插入姿势"命令,使用"选择工具"调整骨骼系统,如图4-95所示。

◀ 图4-94　调整骨骼系统

◀ 图4-95　插入姿势并调整骨骼系统

在第20帧的位置上单击鼠标右键插入姿势，用选择工具调整姿势，把之前的左腿在前左手在后调整为右腿在前右手在后。如果你之前摆的姿势是右腿在前右手在后，那么也是一样在这一帧一定要调换位置

提 示

调整骨骼系统时，除了要注意姿势以外，还要注意使用"排列"命令控制元件的层次。使用"任意变形工具"调整元件的角度的位置。

STEP 6 选中第1帧上对象，单击鼠标右键，在弹出的菜单中选择"复制姿势"命令，如图4-96所示。在第40帧位置插入姿势，并执行"粘贴姿势"命令，如图4-97所示。

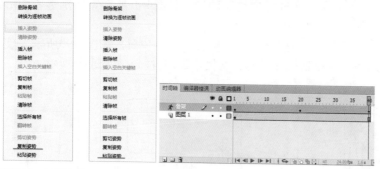

◀ 图4-96　复制姿势　　　　◀ 图4-97　粘贴姿势

提 示

在Flash中创建骨骼动画主要有两种方式：第一种方式是向形状对象的内部添加骨骼，第二种方式是通过"骨骼工具"将多个不同的元件实例连接到一起。

STEP 7 完成骨骼动画的制作，执行"文件>保存"命令，将动画保存为"光盘\源文件\第4章\实例30.fla"，按快捷键Ctrl+Enter，测试Flash动画效果，如图4-98所示。

◀ 图4-98　测试Flash动画效果

▍实例31　为图形添加骨骼——制作游动的鱼 🔍　　　　➡

实例　目的 🖊

　　通过骨骼可以移动形状的各个部分并对其进行动画处理，而不需要绘制形状的不同版本或创建形状补间动画。本实例的目的是使读者掌握为图形添加骨骼并创建动画的方法。如图4-99所示是为图形添加骨骼的流程。

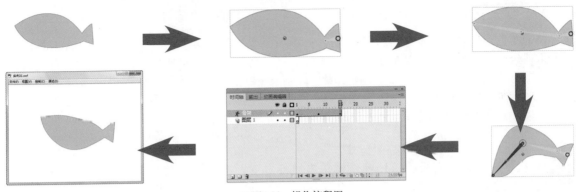

图4-99 操作流程图

实例 重点

★ 掌握在图形中创建骨骼系统的方法　　　　★ 掌握骨骼系统的设置

★ 掌握插入姿势和调整姿势的方法

实例 步骤

STEP 1 执行"文件>新建"命令，弹出"新建文档"对话框，设置如图4-100所示，单击"确定"按钮，新建文档。使用Flash中的绘图工具，在舞台中绘制出鱼图形，如图4-101所示。

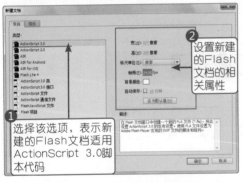

图4-100 "新建文档"对话框

图4-101 绘制图形

使用"钢笔工具"，设置"笔触颜色"和"填充颜色"，在场景中绘制图形

提 示

"骨骼工具"需要在ActionScript 3.0的文件中才能执行，而且不能够在任意的不同图层之间移动关键帧，只能适合用于同一个图层的动作。

STEP 2 使用"骨骼工具"，在尾部按住鼠标左键从左向右拖曳，为图形添加骨骼系统，如图4-102所示。继续创建骨骼系统，完成整个图形骨骼系统的创建，如图4-103所示。

STEP 3 在"时间轴"面板的第8帧位置单击鼠标右键，在弹出的菜单中选择"插入姿势"命令，如图4-104所示。使用"选择工具"，在骨骼系统上拖动可以调整骨骼，如图4-105所示。

添加骨骼的对象必须是绘制的图形或者是元件，位图是不可以添加骨骼的，除非把位图转换成元件

拖曳骨骼时一定要把鼠标放在这里的圆形上，左击不放拖动鼠标向外拖曳骨骼

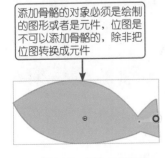

图4-102 添加骨骼系统

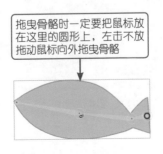

图4-103 添加完毕

图4-104 执行命令

图4-105 调整骨骼

> **提示**
>
> 骨骼的颜色由骨架图层本身的颜色决定，如果想修改骨骼颜色，可以单击"骨架图层"上的颜色方块，在弹出的"图层属性"对话框中修改颜色。为图形创建骨骼系统时，如果外形太过复杂，则系统提示不能添加骨骼系统。

> **提示**
>
> "骨骼工具"是一个非常智能的工具，使用它调整动画后，Flash将自动创建关键帧和补间动画。骨骼动画实际上是一种特殊的补间动画，姿势帧相当于补间动画的关键帧，可以用调整补间动画的方法来调整骨骼动画。

STEP 4　在"时间轴"面板的第15帧位置单击鼠标右键，在弹出的菜单中选择"插入姿势"命令，使用"选择工具"调整骨骼系统，如图4-106所示，"时间轴"面板如图4-107所示。

STEP 5　完成骨骼动画的制作，执行"文件>保存"命令，将动画保存为"光盘\源文件\第4章\实例31.fla"，按快捷键Ctrl+Enter，测试动画效果，如图4-108所示。

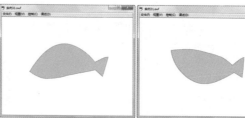

◪ 图4-106　调整骨骼　　　◪ 图4-107　"时间轴"面板　　　◪ 图4-108　测试动画效果

┃ 实例32　3D旋转工具——制作图像3D旋转动画　🔍　➡

实例 目的 🖎

　　本实例的目的是使读者掌握使用"3D旋转工具"制作图像3D旋转动画的方法。"3D旋转工具"是通过3D旋转控件旋转影片剪辑实例，使其沿X、Y和Z轴旋转，产生一种类似三维空间的透视效果。如图4-109所示为制作图像3D旋转动画的流程。

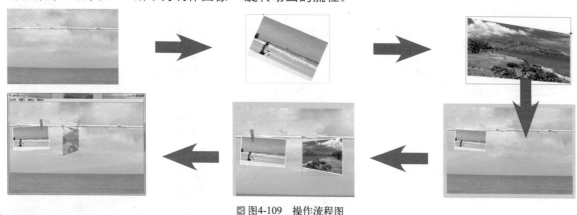

◪ 图4-109　操作流程图

实例 重点 🖎

　　✹　了解3D旋转工具　　　　　　　✹　了解3D轴的功能

★ 掌握3D旋转工具的使用方法

实例 步骤

STEP 1 执行"文件>新建"命令，弹出"新建文档"对话框，设置如图4-110所示，单击"确定"按钮，新建文档。执行"文件>导入>导入到舞台"命令，导入素材图像"光盘\源文件\第4章\素材\3201.jpg"，如图4-111所示。

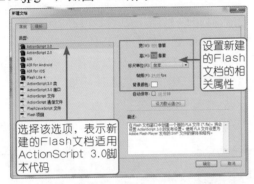

选择该选项，表示新建的Flash文档适用ActionScript 3.0脚本代码

图4-110 "新建文档"对话框   图4-111 导入素材图像

STEP 2 在第100帧按F5键插入帧。新建"名称"为"照片1动画"的"影片剪辑"元件，如图4-112所示。单击"确定"按钮，导入素材图像"光盘\源文件\第4章\素材\3202.jpg"，并调整到合适位置，如图4-113所示。

新建"名称"为"照片1动画"的影片剪辑元件

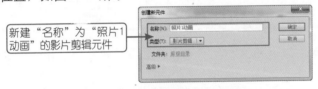

图4-112 "创建新元件"对话框   图4-113 导入素材图像

STEP 3 将刚导入的素材转换成"名称"为"照片1"的"影片剪辑"元件，如图4-114所示。在第1帧创建补间动画，将光标移至第24帧按F6键插入关键帧，如图4-115所示。

转换成"名称"为"照片1"的影片剪辑元件

图4-114 "转换为元件"对话框   图4-115 "时间轴"面板

STEP 4 选择第1帧，单击工具箱中的"3D旋转工具"按钮，沿Z轴拖动鼠标，对元件进行3D旋转操作，如图4-116所示。新建"图层2"，在第24帧按F6键插入关键帧，打开"动作"面板，输入脚本代码stop();，"时间轴"面板如图4-117所示。

对元件进行3D旋转操作

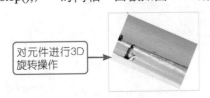

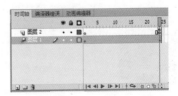

图4-116 沿Z轴旋转对象   图4-117 "时间轴"面板

> **提 示**
>
> 3D旋转控制由四部分组成：红色的是X轴控件、绿色的是Y轴控件、蓝色的是Z轴控件，使用橙色的自由变换控件可以同时绕X和Y轴进行旋转。3D旋转控件使用户可以沿X、Y和Z轴任意旋转和移动对象，从而产生极具透视效果的动画。相当于把舞台上的平面图形看作是三维空间中的一个纸片，通过操作旋转控件，使得这个二维纸片在三维空间中旋转。

STEP 5 ▶ 新建"名称"为"照片2动画"的"影片剪辑"元件，如图4-118所示。导入素材图像"光盘\源文件\第4章\素材\3203.jpg"，并调整到合适位置，如图4-119所示。

STEP 6 ▶ 将刚导入的素材转换成"名称"为"照片2"的"影片剪辑"元件，如图4-120所示。在第1帧创建补间动画，选择第1帧，单击工具箱中的"3D旋转工具"按钮 ，沿Y轴拖动鼠标，对元件进行3D旋转操作，如图4-121所示。

新建"名称"为"照片2动画"的影片剪辑元件

◁ 图4-118 "创建新元件"对话框

◁ 图4-119 导入素材图像

转换成"名称"为"照片2"的影片剪辑元件

对元件进行3D旋转操作

◁ 图4-120 "转换为元件"对话框

◁ 图4-121 沿Y轴旋转对象

> **提 示**
>
> 无论是在X、Y或Z轴上旋转对象时，其他轴将显示为灰色，表示当前不可操作，这样可以确保对象不受其他控件的影响。

STEP 7 ▶ 选择第24帧，使用"3D旋转工具"，沿Y轴拖动鼠标，对元件进行3D旋转操作，如图4-122所示。新建"图层2"，在第24帧按F6键插入关键帧，打开"动作"面板，输入脚本代码stop();，"时间轴"面板如图4-123所示。

STEP 8 ▶ 使用相同的制作方法，可以制作出"照片3动画"元件，如图4-124所示。返回到"场景1"的编辑状态，新建"图层2"，将"照片1动画"元件拖入到舞台中，并调整到合适的位置，如图4-125所示。

对元件进行3D旋转操作

◁ 图4-122 沿Y轴旋转对象

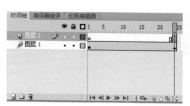

◁ 图4-123 "时间轴"面板

制作出其他元件

◁ 图4-124 "库"面板

拖入元件并调整到合适的位置

◁ 图4-125 拖入元件

提示

除了可以使用"3D旋转工具"在影片剪辑对象上拖动实现对象的3D旋转操作外，还可以通过"变形"面板实现影片剪辑对象的精确3D旋转。在"变形"面板中的"3D旋转"选项区的X、Y和Z选项中输入所需要的值以旋转选中的对象。也可以在数值上通过左右拖动鼠标来调整数值。

STEP 9 选择刚拖入的元件，设置其Alpha值为0%，如图4-126所示。在第24帧按F6键插入关键帧，设置该帧上元件的Alpha值为100%，在第1帧创建传统补间动画，如图4-127所示。

STEP10 新建"图层3"，在第10帧按F6键插入关键帧，导入素材图像"光盘\源文件\第4章\素材\3205.jpg"，如图4-128所示。将其转换成"名称"为"夹子1"的"图形"元件，如图4-129所示。

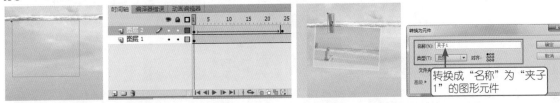

◀ 图4-126 元件效果   ◀ 图4-127 "时间轴"面板   ◀ 图4-128 导入图像   ◀ 图4-129 "转换为元件"对话框

STEP11 在第24帧按F6键插入关键帧，选择10帧上的元件，设置其Alpha值为0%，如图4-130所示。在第10帧创建传统补间动画，"时间轴"面板如图4-131所示。

STEP12 新建"图层4"，在第25帧按F6键插入关键帧，将"照片2动画"元件拖入到舞台中，并调整到合适的位置，如图4-132所示。在第49帧按F6键插入关键帧，选择第25帧上的元件，设置其Alpha值为0%，如图4-133所示。

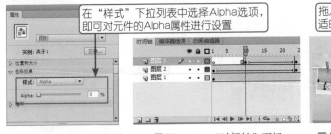
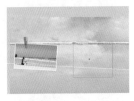

◀ 图4-130 设置Alpha属性   ◀ 图4-131 "时间轴"面板   ◀ 图4-132 拖入元件   ◀ 图4-133 元件效果

STEP13 在第25帧创建传统补间动画，使用相同的制作方法，可以制作出"图层5"上的动画效果，如图4-134所示，"时间轴"面板如图4-135所示。

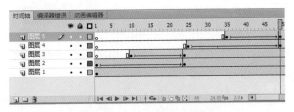

◀ 图4-134 场景效果   ◀ 图4-135 "时间轴"面板

STEP14 使用相同的制作方法，可以制作出"图层6"和"图层7"上的动画效果，如图4-136所示，"时间轴"面板如图4-137所示。

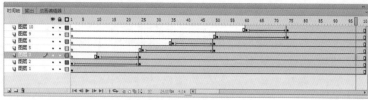

图4-136　场景效果　　　　　　　　　　　　　　　　图4-137　"时间轴"面板

STEP15　执行"文件>保存"命令，将动画保存为"光盘\源文件\第4章\实例32.fla"。按快捷键 Ctrl+Enter，测试Flash动画效果，如图4-138所示。

图4-138　测试Flash动画效果

实例33　3D平移工具——制作3D平移动画

实例　目的

　　使用"3D平移工具"与Flash中的基本动画功能相结合，可以很轻松制作出一些简单的动画效果，本实例的目的是使读者掌握"3D平移工具"的使用方法。如图4-139所示为制作3D平移动画的流程。

图4-139　操作流程图

实例　重点

　　★　掌握"3D平移工具"的使用方法　　★　使用"3D平移工具"制作3D平移动画

实例　步骤

STEP 1　执行"文件>新建"命令，弹出"新建文档"对话框，设置如图4-140所示，单击"确定"按钮，新建文档。执行"文件>导入>导入到舞台"命令，导入素材图像"光盘\源文件\第4章\素材\3301.jpg"，如图4-141所示。

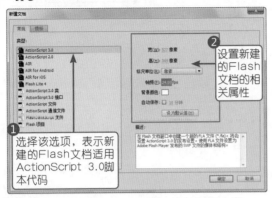

图4-140　"新建文档"对话框　　　　图4-141　导入素材图像

STEP 2　在第100帧按F5键插入帧。新建"图层2"，导入素材图像"光盘\源文件\第4章\素材\3302.jpg"，并调整到合适位置，如图4-142所示。将其转换成"名称"为"人物"的"影片剪辑"元件，如图4-143所示。

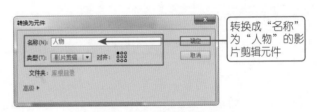

图4-142　导入素材图像　　　　　图4-143　"转换为元件"对话框

STEP 3　在第1帧处创建补间动画，将光标移至第50帧位置，按F6键插入关键帧，如图4-144所示。选择第1帧上的元件，单击工具箱中的"3D平移工具"按钮，沿Z轴拖动鼠标，对元件进行3D平移操作，如图4-145所示。

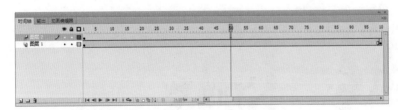

图4-144　创建补间动画　　　　　图4-145　场景效果

提示

使用"3D平移工具"，可以将对象沿着Z轴移动。当使用该工具选中影片剪辑实例后，影片剪辑X、Y、Z三个轴将显示在舞台对象的顶部，X轴为红色，Y轴为绿色，Z轴为蓝色。

STEP 4　新建"图层3"，在第50帧按F6键插入关键帧，导入素材图像"光盘\源文件\第4章\素材\3203.jpg"，并调整到合适位置，如图4-146所示。将其转换成"名称"为"文字"的"影片剪辑"元件，如图4-147所示。

图4-146　导入素材图像

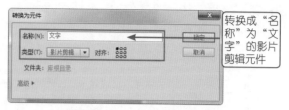

转换成"名称"为"文字"的影片剪辑元件

图4-147　"转换为元件"对话框

STEP 5　在第50帧创建补间动画，将光标移至第80帧位置，按F6键插入关键帧，如图4-148所示。选择第50帧上的元件，单击工具箱中的"3D平移工具"按钮，沿Z轴拖动鼠标，对元件进行3D平移操作，如图4-149所示。

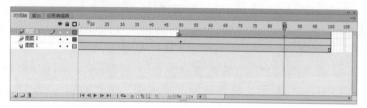

图4-148　创建补间动画

图4-149　场景效果

提示

单击工具箱中的"3D平移工具"按钮，将光标移至X轴上，指针变成形状时，按住鼠标左键进行拖动，即可沿X轴方向移动，移动的同时，Y轴改变颜色，表示当前不可操作，确保只沿X轴移动。同样，将光标移至Y轴上，当指针变化后进行拖动，可沿Y轴移动。X轴和Y轴相交的地方是Z轴，即X轴与Y轴相交的黑色实心圆点，将鼠标指针移动到该位置，光标指针变成形状，按住鼠标左键进行拖动，可使对象沿Z轴方向移动，移动的同时X、Y轴颜色改变，确保当前操作只沿Z轴移动。

STEP 6　执行"文件>保存"命令，将动画保存为"光盘\源文件\第4章\实例33.fla"。按快捷键Ctrl+Enter，测试Flash动画效果，如图4-150所示。

图4-150　测试Flash动画效果

提示

使用"3D平移工具"移动对象看上去与"选择工具"或"任意变形工具"移动对象结果相同，但这两者之间有着本质的区别。使用"3D平移工具"是使对象在虚拟的三维空间中移动，产生空间感的画面，而使用"选择工具"或"任意变形工具"只是在二维平面上对对象进行操作。

第5章

Flash CS6

┃ 制作文字与按钮动画

一个内容丰富的网站，单纯只有普通文字和静态图片的话，那么页面的效果可想而知，会显得非常枯燥乏味，所以在网页中制作出相应的文字和按钮动画，能够极大地丰富页面的内容，使得页面的效果更加精彩和富有动感。本章将通过制作不同类型的动画效果，为读者介绍Flash中制作文字和按钮动画的方法与技巧。

┃本章重点

- 制作霓虹闪烁文字动画
- 制作广告文字动画
- 制作闪烁文字动画
- 制作炫彩光点文字动画
- 制作图像翻转按钮动画
- 制作基础按钮动画

- 制作电子商务网站综合按钮动画
- 制作游戏按钮动画

实例34 分离文本——制作霓虹闪烁文字动画 🔍 ➡

实例 目的 🖼

本实例通过为矩形元件创建补间形状制作矩形的变色效果，从而制作闪烁的文字动画。本实例要求读者掌握如何分离文本和文本的运用。如图5-1所示为制作霓虹闪烁文字动画的流程。

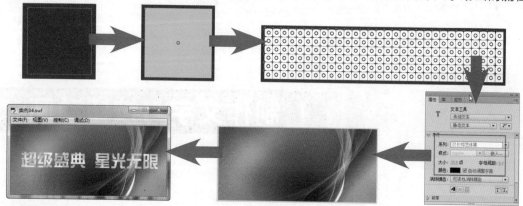

◀ 图5-1 操作流程图

实例 重点 🖼

★ 掌握文本工具的使用方法　　　　★ 掌握将文本分离为图形的方法

★ 掌握对元件色调属性进行设置的方法　★ 掌握遮罩动画的制作方法

实例 步骤 🖼

STEP 1 执行"文件>新建"命令，弹出"新建文档"对话框，设置如图5-2所示，单击"确定"按钮，新建文档。执行"插入>新建元件"命令，新建"名称"为"矩形变色动画"的"影片剪辑"元件，如图5-3所示。

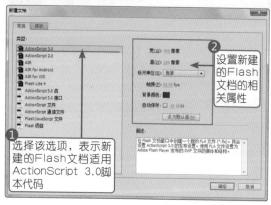

◀ 图5-2 "新建文档"对话框

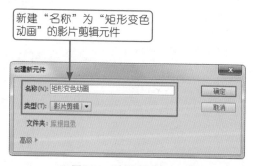

◀ 图5-3 "创建新元件"对话框

STEP 2 使用"矩形工具"，设置"笔触颜色"为无，"填充颜色"为#FFFFFF，在舞台中绘制"宽度"和"高度"均为10像素的矩形，如图5-4所示。选中刚刚绘制的矩形，将矩形转换成"名称"为"矩形"的"图形"元件，如图5-5所示。

STEP 3 分别在第15、30、45、60、75、90帧按F6键插入关键帧，选择第15帧上的元件，设置

Alpha值为0%，如图5-6所示。选择第45帧上的元件，在"属性"面板上设置"色调"选项，如图5-7所示。

如果需要绘制固定大小的矩形，可以使用"矩形工具"，按住Alt键在舞台中单击，在弹出的"矩形设置"对话框中设置所需要绘制的矩形的宽度和高度

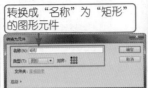

转换成"名称"为"矩形"的图形元件

Alpha值为0%时，元件将完全透明

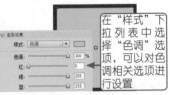

在"样式"下拉列表中选择"色调"选项，可以对色调相关选项进行设置

◀图5-4　绘制矩形　　◀图5-5　"转换为元件"对话框　　◀图5-6　元件效果　　◀图5-7　元件效果

STEP 4 选择第75帧上的元件，在"属性"面板上设置"色调"选项，如图5-8所示。分别在第1、15、30、45、60、75帧上创建传统补间动画。在第200帧按F5键插入帧。新建"图层2"，在"动作"面板中输入脚本语言，如图5-9所示。

STEP 5 新建"名称"为"整体动画"的"影片剪辑"元件，将"矩形变色动画"元件从"库"面板中拖入到场景中，如图5-10所示，多次复制"矩形变色动画"元件，并在场景中进行排列，如图5-11所示。

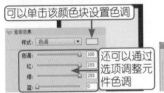

可以单击该颜色块设置色调

还可以通过选项调整元件色调

```
this.gotoAndPlay(random(30));
```

可以同时选中多个对象，在"对齐"面板中对多个对象进行对齐和排列操作

◀图5-8　元件效果　　◀图5-9　输入脚本代码　　◀图5-10　拖入元件　　◀图5-11　多次复制元件

STEP 6 新建"图层2"，使用"文本工具"，在"属性"面板上进行相应的设置，在舞台中输入文字，如图5-12所示。执行"修改>分离"命令两次，将文本分离成图形，并将"图层2"设置为遮罩层，如图5-13所示。

设置文字的相关属性

通过遮罩动画制作闪烁的文字效果

提　示

使用"文本工具"，在舞台区单击鼠标所创建的文本输入框，在文本框中输入文字时，输入框的宽度不固定，它会随着用户所输入文本的长度自动扩展。如果需要换行输入，按Enter键即可。

◀图5-12　设置文本属性　　◀图5-13　"时间轴"面板

STEP 7 返回"场景1"编辑状态，导入素材图像"光盘\源文件\第5章\素材\3401.jpg"，如图5-14所示。将整体动画元件拖入到舞台中，调整到合适的位置，如图5-15所示。

◀图5-14　导入素材　　　　◀图5-15　拖入元件

STEP 8 完成动画的制作，执行"文件>保存"命令，将动画保存为"光盘\源文件\第5章\实例34.fla"，按快捷键Ctrl+Enter，测试动画效果，如图5-16所示。

◀ 图5-16 测试动画效果

知识 拓展

Flash CS6 中的"传统文本"引擎包含3种不同的文本类型，如图5-17所示。

◀ 图5-17 文本类型

★ 静态文本：该文本是用来创建动画中一直不会发生变化的文本。例如，标题或说明性的文字等，在某种意义上它就是一张图片，尽管很多人将静态文本称为文本对象，但是需要注意的是，真正的文本对象是指动态文本和输入文本。

由于静态文本不具备对象的基本特征，没有自己的属性和方法，无法对其进行命名，因此不能通过编程使用静态文本制作动画。

★ 动态文本：该文本是十分强大的，但是它只允许动态显示，却不允许动态输入。当用户需要使用Flash开发涉及在线提交表单这样的应用程序时，就需要一些可以让用户实时输入数据的文本域，此时则需要用到"输入文本"。

★ 输入文本：由于输入文本和动态文本是同一个类型派生出来的，因此输入文本也是对象，和动态文本有相同的属性和方法。另外，输入文本的创建方法与动态文本也是相同的，其唯一的区别是需要在"属性"面板中的"文本类型"中选择"输入文本"选项。

│ 实例35 图层和文字——制作广告文字动画 🔍

实例 目的

本实例首先在影片剪辑元件中制作出矩形从窄变宽的补间形状动画效果，然后使用"文本工具"制作出广告文字动画效果。本实例要求读者掌握"文本工具"和图层之间的配合运用。如图5-18所示是制作广告文字动画的流程。

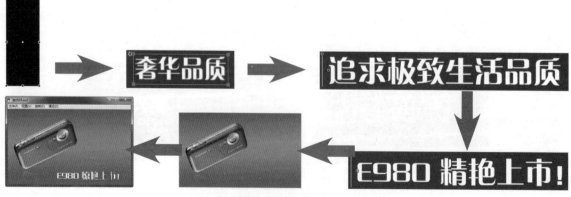

◀ 图5-18 操作流程图

- ✦ 掌握传统补间动画的制作方法
- ✦ 掌握文本属性的设置方法
- ✦ 掌握输入文本的方法
- ✦ 掌握文字遮罩动画的制作方法

实例 ▶ 步骤

STEP 1 执行"文件>新建"命令，弹出"新建文档"对话框，设置如图5-19所示，单击"确定"按钮，新建文档。执行"插入>新建元件"命令，新建"名称"为"矩形动画"的"影片剪辑"元件，如图5-20所示。

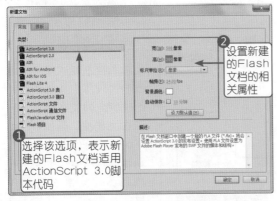

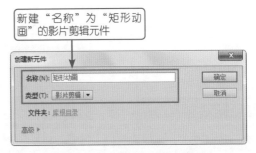

图5-19　"新建文档"对话框

图5-20　"创建新元件"对话框

STEP 2 使用"矩形工具"，在场景中绘制"宽度"为1像素，"高度"为40像素的矩形。在第20帧按F6键插入关键帧，使用"任意变形工具"，调整该矩形宽度，在第1帧创建补间形状动画，如图5-21所示。新建"图层2"，在第20帧按F6键插入关键帧，在"动作"面板中输入stop();脚本语言，如图5-22所示。

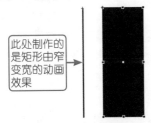

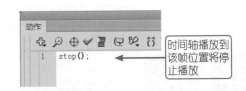

图5-21　调整矩形

图5-22　输入脚本代码

STEP 3 新建"名称"为"整体矩形动画"的"影片剪辑"元件，将"矩形动画"元件从"库"面板中拖入到场景中，在第50帧按F5键插入帧，如图5-23所示。新建"图层2"，在第2帧按F6键插入关键帧，将"矩形动画"元件从"库"面板中拖入到场景中，如图5-24所示。

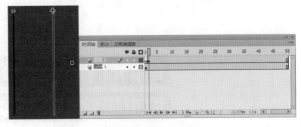

图5-23　"创建新元件"对话框

图5-24　拖入元件

STEP 4 根据"图层1"和"图层2"的制作方法，制作出"图层3"到"图层31"，如图5-25所示。新建"图层32"，在第50帧按F6键插入关键帧，在"动作"面板中输入脚本语言，如图5-26所示。

注意所拖入的各元件的间距需要一致

◀ 图5-25 "时间轴"面板

时间轴播放到该帧位置将停止播放

◀ 图5-26 输入脚本代码

STEP 5 新建"名称"为"文本动画1"的"影片剪辑"元件，如图5-27所示。使用"文本工具"，在"属性"面板上对文字属性进行设置，在舞台中输入文本，如图5-28所示。

新建"名称"为"文本动画1"的影片剪辑元件

◀ 图5-27 "创建新元件"对话框

设置文字的相关属性

◀ 图5-28 输入文字

> **提 示**
>
> 文本属性包括"字符"属性和"段落"属性两种，选中特定的文字内容，可以在"属性"面板中对文字的"字符"与"段落"属性进行精心设置，从而达到美化动画页面的作用，并且还可以使文字更加清晰、易读。

STEP 6 执行"修改>分离"命令两次，将文本分离成图形。新建"图层2"，将"整体矩形动画"元件从"库"面板中拖入到场景中，如图5-29所示。将"图层2"设置为"遮罩层"，创建遮罩动画效果，如图5-30所示。

拖入的元件

◀ 图5-29 拖入元件

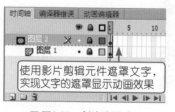

使用影片剪辑元件遮罩文字，实现文字的遮罩显示动画效果

◀ 图5-30 创建遮罩动画

> **提 示**
>
> 执行"修改>分离"命令，或按快捷键Ctrl+B，可以将选定文本中的每个字符都会放入一个单独的文本字段中，但是文本在舞台上的位置保持不变，再次执行"修改>分离"命令，可以将舞台上的文本转换为形状。

STEP 7 根据"文本动画1"元件的制作方法，制作出"文本动画2"元件和"文本动画3"元件，如图5-31所示。返回"场景1"编辑状态，导入素材图像"光盘\源文件\第5章\素材\3501.jpg"，在第300帧按F5键插入帧，如图5-32所示。

这两个元件的制作方法与"文本动画1"元件的制作方法完全相同，只是所遮罩的文字内容不同

◀ 图5-31 文本元件效果

◀ 图5-32 导入素材

STEP 8 新建"图层2",将"文字动画1"元件从"库"面板中拖入到舞台中,如图5-33所示。在第100帧按F7键插入空白关键帧,将"文字动画2"元件拖入到舞台中,在第200帧按F7键插入空白关键帧,将"文字动画3"元件拖入到舞台中,如图5-34所示。

拖入的元件,双击该元件可以进入元件的编辑状态,查看元件的位置是否合适

图5-33 拖入元件

图5-34 拖入元件

STEP 9 完成动画的制作,执行"文件>保存"命令,将动画保存为"光盘\源文件\第5章\实例35.fla",按快捷键Ctrl+Enter,测试动画效果,如图5-35所示。

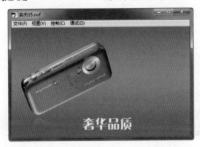

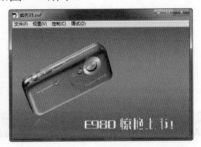

图5-35 测试动画效果

知识 拓展

字体系列、样式、大小、间距、颜色以及消除锯齿等选项都属于传统文本的"字符"属性。可以根据设计的需要,在"字符"属性面板中对相关选项进行设置。"字符"属性面板如图5-36所示。

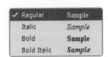

图5-37 "样式"选项

图5-36 文字属性

★ 系列:该选项可以为选中的文本应用不同的字体系列,可以在"系列"下拉列表中选择相应的字体,也可以在该选项的文本框中直接输入字体的名称。

★ 样式:该选项用来设置字体的样式,不同的字体可供选择的样式也是不同的,一般情况下,包括以下几种选项,如图5-37所示。

★ 大小:单击该选项,可以在文本框中输入具体的数值来设置字体的大小,字体大小的单位值是点,与当前标尺的单位无关。

★ 字母间距:该选项可以用来设置所选字符或文本的间距,单击该选项,在文本框中输入相应的数值,会在字符之间插入统一数量的空格,从而达到编辑文本的具体要求。

★ 颜色:单击该选项右侧的色块█,在弹出的拾色器窗口中可以选择字体的颜色。另外,还可以在"颜色"面板左上角的文本框中输入颜色的十六进制值,这里可以设置的颜色只能是纯色。

★ 消除锯齿:单击该选项右侧的"字体呈现方法"下拉按钮,弹出下拉列表选项,如

图5-38所示。选择其中某一个选项，可以对所选择的每个文本字段应用锯齿消除，而不是每个字符。另外，还应注意的是，在Flash CS6中打开现有FLA文件时，文本并不会自动更新为使用"字体呈现方法"选项；如果要使用"字体呈现方法"选项，必须选择各个文本字段，然后手动更改消除锯齿设置。

图5-38 "样式"选项

★ "可选"按钮 AB：该按钮是用来设置生成的SWF文件中的文本能否被用户通过鼠标进行选择和复制。因为静态文本常用来展示信息，出于对内容的保护，一般情况下，该选项默认为不可选状态，而动态文本则默认为可选，但是输入文本则不能对这个属性进行设置。

★ "将文本呈现为HTML"按钮 ：该按钮是用来决定动态文本框中的文本能否使用HTML格式。动态文本和输入文本可以对该选项进行设置，相反静态文本则不能。

★ "在文本周围显示边框"按钮 ：单击该按钮，系统会根据设置的边框大小，在字体背景上显示一个白底不透明的输入框。动态文本和输入文本可以对该选项进行设置，静态文本则对该选项不可设置。

★ "切换上标"按钮 T：单击该按钮，可以将文本放置在基线之上（水平文本）或基线的右侧（垂直文本）。

★ "切换下标"按钮 T₁：单击该按钮，可以将文本放置在基线之下（水平文本）或基线的左侧（垂直文本）。

实例36 文字遮罩——制作闪烁文字动画

实例 目的

通过设置Alpha值制作矩形元件的闪烁效果，运用遮罩动画制作出闪烁文字效果。本实例要求读者掌握元件"色调"的设置和遮罩动画。如图5-39所示为制作闪烁文字动画的流程。

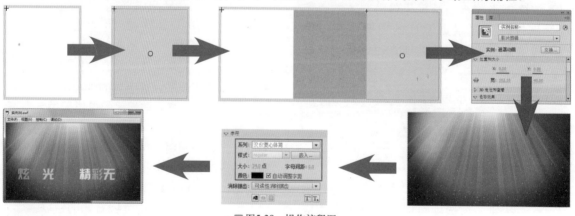

图5-39 操作流程图

实例 重点

★ 掌握设置元件色调属性的方法

★ 掌握遮罩动画的制作方法

实例 步骤

STEP 1 执行"文件>新建"命令，弹出"新建文档"对话框，设置如图5-40所示，单击"确定"

按钮，新建文档。执行"插入>新建元件"命令，新建"名称"为"矩形动画"的"影片剪辑"元件，如图5-41所示。

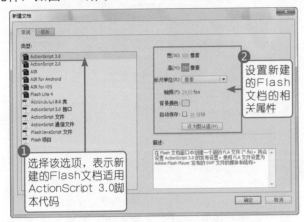

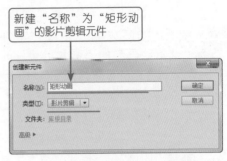

新建"名称"为"矩形动画"的影片剪辑元件

图5-40 "新建文档"对话框　　　　图5-41 "创建新元件"对话框

STEP 2 使用"矩形工具"，设置"笔触颜色"为无，"填充颜色"为白色，在舞台中绘制"宽"为34像素，"高"为40像素的矩形，如图5-42所示。将矩形转换成元件，如图5-43所示。

STEP 3 分别在第10、20、30和40帧按F6键插入关键帧，分别设置第10帧和第30帧元件的Alpha值为0%，如图5-44所示。分别在第1、10、20、30帧位置创建传统补间动画，在第210帧按F5键插入帧，如图5-45所示。

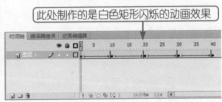

图5-42 绘制矩形　图5-43 "转换为元件"对话框　图5-44 元件效果　　　图5-45 "时间轴"面板

STEP 4 新建"名称"为"整体矩形"的"影片剪辑"元件，如图5-46所示。在第35帧按F6键插入关键帧，将"矩形动画"元件从"库"面板中拖入到舞台中，在第80帧按F5键插入帧，如图5-47所示。

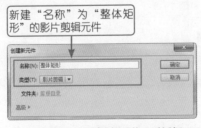

图5-46 "创建新元件"对话框　　　图5-47 拖入元件

STEP 5 新建"图层2"，在第20帧按F6键插入关键帧，将"矩形动画"元件拖入到舞台中，设置其"色调"属性，如图5-48所示。新建"图层3"，在第10帧按F6键插入关键帧，将"矩形动画"元件拖入到舞台中，设置其"色调"属性，如图5-49所示。

在"样式"下拉列表中选择"色调"选项，通过色调的设置，改变元件的颜色

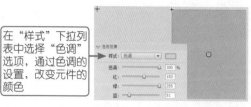

可以直接单击颜色块设置色调，也可以通过下方的4个选项设置色调

图5-48 场景效果　　　　　图5-49 场景效果

STEP 6 根据"图层2"和"图层3"的制作方法，制作出其他图层，如图5-50所示。新建"名称"为"遮罩动画"的"影片剪辑"元件，将"整体矩形"元件从"库"面板中拖入到舞台中，并调整到合适的位置，如图5-51所示。

图5-50 场景效果　　　　　　　图5-51 拖入元件

STEP 7 新建"图层2"，使用"文本工具"，在"属性"面板上对文字属性进行设置，在舞台中输入文本，如图5-52所示。执行"修改>分离"命令两次，将文本分离成图形，并将"图层2"设置为"遮罩层"，创建遮罩动画，如图5-53所示。

设置文字的相关属性

通过遮罩实现文字的不同颜色闪烁效果

提 示

遮罩层在动画播放过程中只保留其上图形的形状。遮罩层可以是图形、影片剪辑，也可以是时间轴动画。创建遮罩动画后，遮罩层和被遮罩层都将被锁定。

图5-52 输入文本　　　　　图5-53 创建遮罩动画

STEP 8 返回"场景1"编辑状态，导入素材图像"光盘\源文件\第5章\素材\3601.jpg"，如图5-54所示。新建"图层2"，将"遮罩动画"元件从"库"面板中拖入到场景中，并调整到合适的大小和位置，如图5-55所示。

STEP 9 完成动画的制作，执行"文件>保存"命令，将动画保存为"光盘\源文件\第5章\实例36.fla"，按快捷键Ctrl+Enter，测试动画效果，如图5-56所示。

将元件拖入到舞台中，只显示该元件第1帧上的效果

图5-54 导入素材　　图5-55 拖入元件　　　　图5-56 测试动画效果

实例37 脚本运用——制作炫彩光点文字动画

 目的

本实例通过利用引导层制作正圆形的不规则运动动画，运用脚本语言复制出多个不同的动画效果，最终实现炫彩光点文字动画效果。本实例要求读者掌握引导层动画的创建方法和

ActionScript脚本的方法。如图5-57所示为制作炫彩光点文字动画的流程。

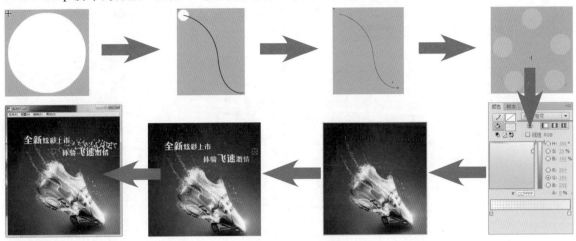

图5-57 操作流程图

实例 重点

★ 掌握引导层动画的制作方法 　　★ 掌握遮罩动画的制作方法

★ 掌握输入文本并分离文本的方法 　　★ 掌握渐变颜色的填充方法

实例 步骤

STEP 1 执行"文件>新建"命令，弹出"新建文档"对话框，设置如图5-58所示，单击"确定"按钮，新建文档。执行"插入>新建元件"命令，新建"名称"为"圆形动画1"的"影片剪辑"元件，如图5-59所示。

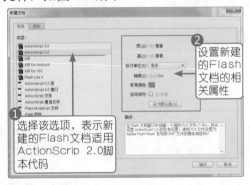

图5-58 "新建文档"对话框

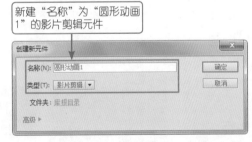

图5-59 "创建新元件"对话框

STEP 2 使用"椭圆工具"，设置"笔触颜色"为无，"填充颜色"为#FFFFFF，在舞台中绘制正圆形，如图5-60所示。将该图形转换成图形元件，如图5-61所示。

图5-60 绘制图形

图5-61 "转换为元件"对话框

提 示

图形元件可用于静态图像，也可用来创建连接到主时间轴的可重用的动画片段。由于没有时间轴，图形元件在 FLA 文件中的尺寸小于按钮或影片剪辑。

STEP 3 分别在第10帧和第50帧按F6键插入关键帧，在"图层1"上单击鼠标右键，在弹出的菜单中选择"添加传统运动引导层"命令，为"图层1"添加传统运动引导层，如图5-62所示。使用"钢笔工具"，在舞台中绘制曲线路径，如图5-63所示。

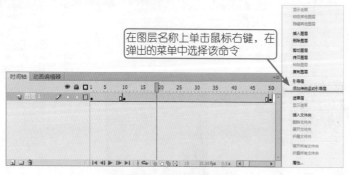

在图层名称上单击鼠标右键，在弹出的菜单中选择该命令

◀ 图5-62 添加传统引导层　　　　　　　　　◀ 图5-63 绘制路径

STEP 4 选择"图层1"第1帧上的元件，设置其Alpha值为20%，如图5-64所示。选择第10帧上的元件，设置其Alpha值为80%，并调整元件的位置，如图5-65所示。

STEP 5 选择第50帧上的元件，设置其Alpha值为0%，并调整元件的位置。分别在第1帧和第10帧创建传统补间动画，如图5-66所示。在"引导层：图层1"上方新建"图层3"，在第50帧按F6键插入关键帧，在"动作"面板中输入脚本语言，如图5-67所示。

元件的中心点必须与引导路径的端点相重合

元件的中心点必须与引导路径相重合

元件的中心点必须与引导路径的端点相重合

时间轴播放到该帧时停止播放

◀ 图5-64 元件效果　　◀ 图5-65 元件效果　　◀ 图5-66 元件效果　　◀ 图5-67 输入脚本代码

STEP 6 根据"圆形动画1"元件的制作方法，制作出"圆形动画2"、"圆形动画3"、"圆形动画4"和"圆形动画5"元件，如图5-68所示。

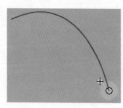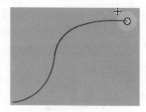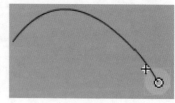

◀ 图5-68 其他元件的效果

STEP 7 新建"名称"为"光点动画"的"影片剪辑"元件，将"圆形动画1"元件拖入到舞台中，设置其"实例名称"为p1，在第50帧按F5键插入帧，如图5-69所示。使用相同的制作方法，将其他元件从"库"面板中拖入到舞台中，并为各个元件依次设置"实例名称"，如图5-70所示。

STEP 8 返回"场景1"编辑状态，导入素材图像"光盘\源文件\第5章\素材\3701.jpg"，在第140帧按F5键插入帧，如图5-71所示。新建"图层2"，在第20帧按F6键插入关键帧，使用"矩形工具"，打开"颜色"面板，设置线性渐变颜色，如图5-72所示。

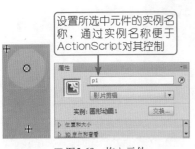

设置所选中元件的实例名称，通过实例名称便于ActionScript对其控制

拖入元件并分别调整到合适的位置

选择渐变类型

设置渐变滑块的颜色值和不透明度值

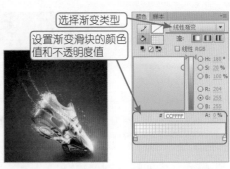

◁ 图5-69 拖入元件　　◁ 图5-70 元件效果　　◁ 图5-71 导入素材　　◁ 图5-72 设置渐变

STEP 9 在舞台中绘制矩形并调整渐变填充，选中绘制的矩形，将其转换成"名称"为"渐变矩形"的"图形"元件，如图5-73所示。在第70帧按F6键插入关键帧，将第20帧上的元件水平向左移动，在第20帧创建传统补间动画，如图5-74所示。

绘制矩形，调整渐变颜色填充，并转换为元件

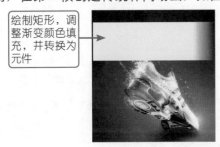

制作渐变矩形从左向右移动的动画效果

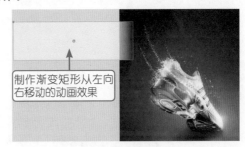

◁ 图5-73 绘制矩形　　　　　　　　　　　◁ 图5-74 调整位置

STEP10 新建"图层3"，在第20帧按F6键插入关键帧，使用"文本工具"，在"属性"面板上设置文字属性，在舞台中输入文字，如图5-75所示。执行"修改>分离"命令两次，将文本分离成图形，将"图层3"设置为"遮罩层"，创建遮罩动画，如图5-76所示。

设置字体、字体大小和字体颜色

使用文字遮罩运动矩形，制作出文字从左至右逐渐显示的动画效果

◁ 图5-75 输入文字　　　　　　　　　　◁ 图5-76 "时间轴"面板

提 示

遮罩动画允许文字作为遮罩图层，但是由于字体在不同的硬件设备会有所变化。如果使用文字作为遮罩层，需要将文字分离为图形。

STEP11 新建"图层4"，在第10帧按F6键插入关键帧，将"光点动画"元件从"库"面板中拖入到场景中，并在"属性"面板上设置"实例名称"为pointMc，如图5-77所示。在第65帧按F6键插入关键帧，将该帧上的元件水平向右移动，调整到合适的位置。在第10帧创建传统补间动画，如图5-78所示。

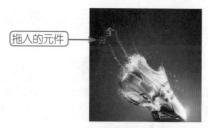

◁ 图5-77　拖入元件　　　　　　　　　　　　　　◁ 图5-78　移动元件

STEP12 在第66帧按F7键插入空白关键帧。新建"图层5"，在第10帧F6键插入关键帧，如图5-79所示。打开"动作"面板，输入相应的脚本代码，如图5-80所示。

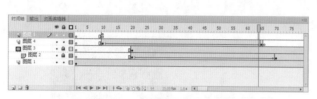

◁ 图5-79　"时间轴"面板

◁ 图5-80　输入脚本代码

STEP13 完成动画的制作，执行"文件>保存"命令，将动画保存为"光盘\源文件\第5章\实例37.fla"，按快捷键Ctrl+Enter，测试动画效果，如图5-81所示。

◁ 图5-81　测试动画效果

实例38　按钮状态——制作图像翻转按钮动画

实例 目的

本实例的目的是使读者掌握按钮4个基本状态的作用。按钮元件中的4帧分别对应按钮的4种状态，可以在不同状态制作不同的按钮效果。如图5-82所示为制作图像翻转按钮动画的流程。

◁ 图5-82　操作流程图

实例 重点

★ 掌握按钮元件的创建　　　★ 理解按钮元件4帧的状态

实例 步骤

STEP 1 执行"文件>新建"命令，弹出"新建文档"对话框，设置如图5-83所示，单击"确定"按钮，新建文档。执行"插入>新建元件"命令，新建"名称"为"按钮"的"按钮"元件，如图5-84所示。

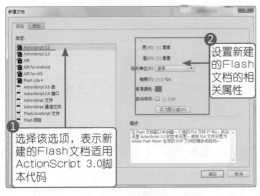

图5-83 "新建文档"对话框　　　　　图5-84 "创建新元件"对话框

STEP 2 导入素材图像"光盘\源文件\第5章\素材\3901.jpg"，如图5-85所示。在"指针经过"帧按F7键插入空白关键帧，导入素材图像"光盘\源文件\第5章\素材\3902.jpg"，如图5-86所示。

图5-85 导入素材　　　　　　　　　图5-86 导入素材

STEP 3 在"按下"帧按F6键插入关键帧，将该帧上的图像等比例缩小一些，如图5-87所示。在"点击"帧按F7键插入空白关键帧，使用"矩形工具"，在舞台中绘制矩形，如图5-88所示。

图5-87 等比例缩小图像　　　　　　图5-88 绘制矩形

提 示

　"按钮"元件能够实现根据鼠标单击、滑动等动作触发指定的效果，如在鼠标滑过按钮时按钮变暗或者变大甚至播放动画等效果。按钮元件是由4帧的交互影片剪辑组成的，当元件选择按钮行为时，Flash会创建一个4帧的时间轴。前3帧显示按钮的3种可能的状态，第4帧定义按钮的活动区域。时间轴实际上并不播放，它只是对指针运动和动作做出反应，跳到相应的帧。

STEP 4 返回"场景1"编辑状态，将"按钮"元件拖入到舞台中并调整到合适的位置，如图5-89

所示。完成按钮动画的制作，执行"文件>保存"命令，将文件保存为"光盘\源文件\第5章\实例38.fla"，按快捷键Ctrl+Enter，测试动画效果，如图5-90所示。

图5-89　拖入元件　　　　　　　图5-90　测试动画效果

　　★　影片剪辑元件：一个独立的小影片，它可以包含交互控制和音效，甚至能包含其他的影片剪辑。

　　★　按钮元件：用于在影片中创建对鼠标事件（如单击和滑过）响应的互动按钮，制作按钮首先要制作与不同的按钮状态相关联的图形。为了使按钮有更好的效果，还可以在其中加入影片剪辑或音效文件。

　　★　图形元件：通常用于存放静态的图像，还能用来创建动画，在动画中也可以包含其他元件，但是不能加上交互控制和声音效果。

实例39　按钮元件——制作基础按钮动画

实例　目的

　　本实例的目的是使读者更好地理解按钮元件并掌握传统补间动画的制作。Flash按钮是用户可以直接与Flash动画进行交互的途径，按钮元件是Flash按钮动画制作中经常会使用到的元件，通过按钮元件可以更好地体现按钮的不同状态。如图5-91所示为制作基础按钮动画的流程。

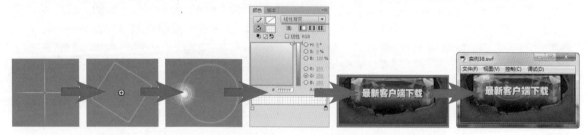

图5-91　操作流程图

实例　重点

　　★　掌握图形的绘制方法　　　　★　掌握元件属性的设置
　　★　掌握传统补间动画的制作　　★　理解按钮元件各帧的作用

实例　步骤

STEP 1　执行"文件>新建"命令，弹出"新建文档"对话框，设置如图5-92所示，单击"确定"

按钮，新建文档。执行"插入>新建元件"命令，新建"名称"为"光晕1"的"图形"元件，如图5-93所示。

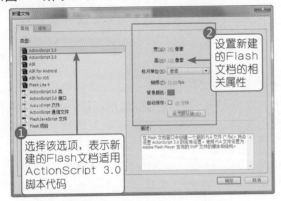

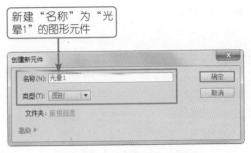

图5-92 "新建文档"对话框

图5-93 "创建新元件"对话框

提 示

在制作按钮元件时，除了可以使用图形直接创建按钮的各个状态外，也可以使用图形元件和影片剪辑元件，而且使用影片剪辑元件使得按钮元件的效果更加百变。

STEP 2 使用"椭圆工具"，在舞台中绘制椭圆形并填充线性渐变，再使用"任意变形工具"对椭圆形进行调整，绘制出星形的效果，如图5-94所示。使用相同的制作方法，还可以创建其他的图形元件，并绘制出其他的一些图形，如图5-95所示。

STEP 3 新建"名称"为"光晕"的"影片剪辑"元件，将"光晕1"元件拖入到舞台中，调整到合适的大小和位置并进行旋转操作，设置其Alpha值为0%，如图5-96所示。在第26帧按F6键插入关键帧，将该帧上的元件等比例放大一些，并进行旋转操作，设置该帧上元件的"样式"为无，如图5-97所示。

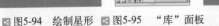

图5-94 绘制星形 图5-95 "库"面板 图5-96 元件效果 图5-97 元件效果

STEP 4 在第60帧按F6键插入关键帧，将该帧上的元件等比例缩小，并进行旋转操作，设置该帧上元件的Alpha值为0%。分别在第1帧和第26帧创建传统补间动画，如图5-98所示。使用相同的制作方法，可以完成其他图层上光晕动画的制作，如5-99所示。

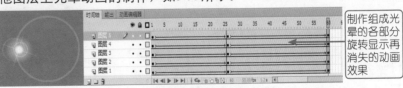

图5-98 元件效果 图5-99 元件效果

提示

元件是一些可以重复使用的图像、动画或者按钮，它们被保存在"库"面板中。如果把元件比喻成图纸，实例就是依照图纸生产出来的产品，依照一个图纸可以生产出多个产品，同样，一个元件可以在舞台上拥有多个实例。修改一个元件时，舞台上所有的实例都会发生相应的变化。

STEP 5 新建"名称"为"矩形"的"图形"元件，使用"矩形工具"，打开"颜色"面板，设置从Alpha值为40%的白色到Alpha值为0%的白色的线性渐变，在舞台中绘制矩形，如图5-100所示。新建"名称"为"过光动画"的"影片剪辑"元件。将"矩形"元件拖入到舞台中，并进行相应的变换操作，如图5-101所示。

STEP 6 在第44帧按F6键插入关键帧，将该帧上的元件向右移动，在第1帧创建传统补间动画，如图5-102所示。在第107帧按F5键插入帧。新建"图层2"，在舞台中绘制一个矩形，并对该矩形的形状进行调整，如图5-103所示。

图5-100 绘制矩形　　图5-101 元件效果　　图5-102 元件效果　　图5-103 绘制图形

STEP 7 将"图层2"设置为遮罩层，创建遮罩动画，如5-104所示。新建"图层3"，在第47帧按F6键插入关键帧，将"光晕"元件拖入到舞台中并调整到合适的位置，如5-105所示。

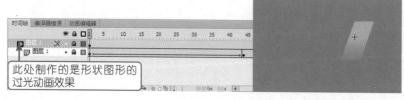

图5-104 元件效果　　　　　　　　　　图5-105 元件效果

STEP 8 新建"名称"为"按钮"的"按钮"元件，如图5-106所示。导入素材图像"光盘\源文件\第5章\素材\3901.jpg"，如图5-107所示。

图5-106 "创建新元件"对话框　　　　　图5-107 导入素材

STEP 9 在"点击"帧按F5键插入帧，新建"图层2"，在"指针经过"帧按F6键插入关键帧，将"过光动画"元件拖入到舞台中，在"按下"帧按F7插入空白关键帧，如图5-108所示，返回"场景1"编辑状态，在"库"面板中将"按钮"元件拖入到舞台中，并调整到合适的位置，如

图5-109所示。

所拖入元件的位置

◀ 图5-108 拖入元件

◀ 图5-109 元件效果

提 示

按钮的点击状态控制的是按钮的反应区范围，可以放置元件，也可以为空。如果制作时没有对点击状态进行设置，则默认为前3个状态的范围。

STEP10 完成按钮动画的制作，执行"文件>保存"命令，将动画保存为"光盘\源文件\第5章\实例39.fla"，按快捷键Ctrl+Enter，测试动画效果，如图5-110所示。

◀ 图5-110 测试动画效果

| 实例40 多反应区应用——制作电子商务网站综合按钮动画 🔍 ➡

实例 目的 🖊

在按钮元件中有一个"点击"帧，该帧表示按钮的响应范围，也称为反应区。本实例制作一个电子商务类网站的按钮动画，主要是通过影片剪辑元件与按钮反应区相结合实现动画的效果。本实例的目的是使读者掌握按钮反应区的应用。如图5-111所示为制作电子商务网站综合按钮动画的流程。

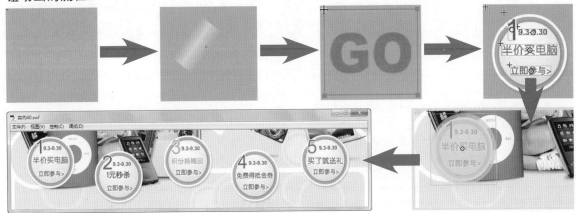

◀ 图5-111 操作流程图

实例 重点

★ 掌握各种基础动画的制作方法　　　　★ 掌握文字描边的方法
★ 理解反应区的作用

实例 步骤

STEP 1 执行"文件>新建"命令，弹出"新建文档"对话框，设置如图5-112所示，单击"确定"按钮，新建文档。执行"插入>新建元件"命令，新建"名称"为"橙色圆形遮罩"的"影片剪辑"元件，如图5-113所示。

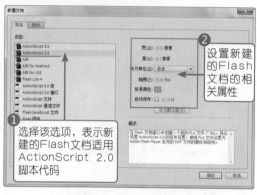

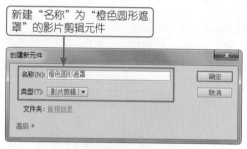

图5-112 "新建文档"对话框　　　　图5-113 "创建新元件"对话框

STEP 2 使用"椭圆工具"，设置"笔触颜色"为无，"填充颜色"为#EF9C13，在舞台中绘制正圆形，在第60帧按F5键插入帧，如图5-114所示。新建"图层2"，使用"矩形工具"，在"颜色"面板中设置从白色透明到白色半透明再到白色透明的渐变颜色，在舞台中绘制矩形并进行旋转操作，如图5-115所示。

STEP 3 在第15帧按F6键插入关键帧，在该帧上的矩形向左上方移动，在第1帧创建补间形状动画，如图5-116所示。选择"图层1"上所绘制的正圆形，按快捷键Ctrl+C复制该图形，新建"图层3"，按快捷键Ctrl+Shift+V，原位粘贴该图形，将"图层3"设置为遮罩层，创建遮罩动画，如图5-117所示。

图5-114 绘制正圆形　图5-115 绘制矩形　图5-116 移动元件　图5-117 创建遮罩动画

提 示

在影片中，运用元件可以显著地缩小文件的尺寸。因为保存一个元件比保存每一个出现在舞台上的元素要节省更多的空间。利用元件还可以加快影片的播放，因为一个元件在浏览器上只下载一次即可。

STEP 4 新建"名称"为"GO文字动画"的"影片剪辑"元件，如图5-118所示。使用"文本工具"，在"属性"面板中设置文字属性，在舞台中输入文字，在第20帧按F5键插入帧，如

图5-119所示。

新建"名称"为"GO文字动画"的影片剪辑元件

◀ 图5-118 "创建新元件"对话框

◀ 图5-119 输入文字

STEP 5 ▶ 选择"图层1"上的文字，按快捷键Ctrl+C复制文字，新建"图层2"，按快捷键Ctrl+Shift+V原位粘贴文字，设置文字颜色为白色，如图5-120所示。使用相同的制作方法，完成"图层3"，在第7帧按F6键插入关键帧，选中文字，将该帧上的文字等比例放大，设置"填充颜色"的Alpha值为0%，在第1帧创建补间形状动画，如图5-121所示。

复制文字，将复制得到的文字修改为白色，并稍稍向左上角移动，制作出文字的层次感

◀ 图5-120 文字效果

此时为选中状态，由于设置了透明度，需要选中才能看见

◀ 图5-121 文字效果

STEP 6 ▶ 新建"名称"为"反应区"的"按钮"元件，在"点击"帧按F6键插入关键帧，使用"椭圆工具"，在舞台中绘制正圆形，如图5-122所示。新建"名称"为"1元秒杀"的"图形"元件，使用"文本工具"在舞台中输入文字，如图5-123所示。

使用"椭圆工具"，按住Shift键在舞台中拖动鼠标绘制正圆形

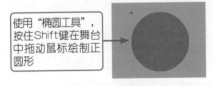

◀ 图5-122 绘制圆形

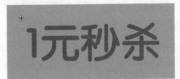

◀ 图5-123 输入文字

STEP 7 ▶ 执行"修改>分离"命令两次，复制该文字，新建"图层2"，按快捷键Ctrl+Shift+V原位粘贴文字，选中"图层1"上的文字，设置"笔触颜色"为白色，调整笔触到合适大小，如图5-124所示。使用相同的制作方法，可以制作出其他的一些元件效果，如图5-125所示。

设置笔触颜色和笔触高度

◀ 图5-124 设置属性

◀ 图5-125 "库"面板

STEP 8 ▶ 新建"名称"为"按钮动画1"的"影片剪辑"元件，使用"椭圆工具"在舞台中绘制一个白色的正圆形，并将该正圆形转换成"名称"为"圆背景"的"影片剪辑"元件，如图5-126所示。选择该元件，在"属性"面板中为其添加"投影"滤镜，分别在第10、48、52帧按F6键

插入关键帧，如图5-127所示。

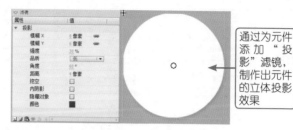

图5-126　绘制正圆形

图5-127　添加"投影"滤镜

通过为元件添加"投影"滤镜，制作出元件的立体投影效果

STEP 9 选择第1帧上的元件，将其等比例缩小一些，如图5-128所示。将第52帧上的元件等比例缩小一些，分别在第1帧和第48帧创建传统补间动画，如图5-129所示。

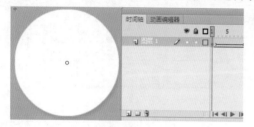

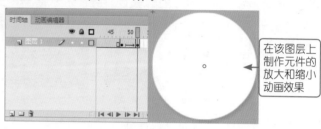

图5-128　元件效果

图5-129　元件效果

在该图层上制作元件的放大和缩小动画效果

STEP10 新建"图层2"，将"橙色圆形遮罩"元件拖入到舞台中并调整到合适的大小和位置，根据"图层1"的制作方法，可以完成"图层2"上动画的制作，如图5-130所示。使用相同的制作方法，可以完成"图层3"和"图层4"上动画的制作，如图5-131所示。

STEP11 新建"图层5"，在第6帧按F6键插入关键帧，将"GO文字动画"元件拖入到舞台中，如图5-132所示。分别在第9、11、46、48、52帧按F6键插入关键帧。选择第6帧上的元件，将其等比例缩小并设置其Alpha值为0%。选择第9帧上的元件，将该帧上的元件等比例放大一些，如图5-133所示。

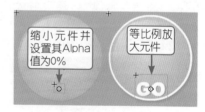

图5-130　元件效果　　图5-131　元件效果　　图5-132　拖入元件　　图5-133　元件效果

缩小元件并设置其Alpha值为0%

等比例放大元件

STEP12 选择第48帧上的元件，将该帧上元件等比例放大一些，选择第52帧上的元件，将其等比例缩小并设置其Alpha值为0%，如图5-134所示。分别在第6、9、46、48帧创建传统补间动画，如图5-135所示。

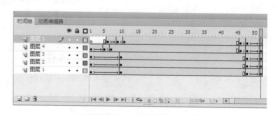

等比例放大元件

缩小元件并设置其Alpha值为0%

图5-134　元件效果

图5-135　"时间轴"面板

STEP13 新建"图层6"，将相应的元件拖入到舞台中并分别调整到合适的位置，在第48帧按F6键插入关键帧，在第5帧按F7键插入空白关键帧，如图5-136所示。新建"图层7"，在第5帧按F6键插入关键帧，将相应的元件拖入到舞台中并分别调整到合适的位置，在第48帧按F7键插入空白关键帧，如图5-137所示。

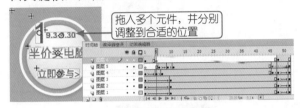

拖入多个元件，并分别调整到合适的位置

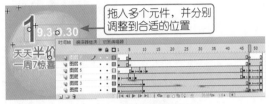

拖入多个元件，并分别调整到合适的位置

◂图5-136 场景效果 ◂图5-137 场景效果

STEP14 新建"图层8"，将"反应区"元件拖入到舞台中，如图5-138所示。选中该元件，打开"动作"面板，输入相应的脚本代码，如图5-139所示。

反应区在舞台中时显示为半透明的蓝色，在生成的SWF文件中为透明不显示

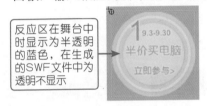

将光标移至反应区上方，则跳转到第1帧播放动画；将光标移至反应区外，则跳转到第46帧播放动画，单击反应区，则打开链接地址

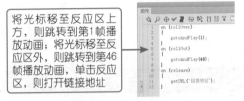

◂图5-138 元件效果 ◂图5-139 输入脚本代码

STEP15 新建"图层9"，分别在第1帧和第45帧按F6键插入关键帧，打开"动作"面板中输入脚本代码，如图5-140所示，"时间轴"面板如图5-141所示。

STEP16 使用相同的制作方法，还可以制作出其他的按钮动画元件，如图5-142所示。返回"场景1"编辑状态，导入素材图像"光盘\源文件\第5章\素材\4001.jpg"，如图5-143所示。

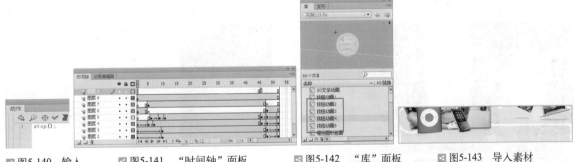

◂图5-140 输入脚本代码 ◂图5-141 "时间轴"面板 ◂图5-142 "库"面板 ◂图5-143 导入素材

STEP17 新建"图层2"，将"按钮动画1"元件拖入到舞台中并调整到合适的位置，如图5-144所示。使用相同的制作方法，分别将"按钮动画2"至"按钮动画5"元件拖入舞台中，如图5-145所示。

把需要的元件都拖到舞台中，分别调整位置

◂图5-144 拖入元件 ◂图5-145 拖入其他元件

STEP18 完成按钮动画的制作，执行"文件>保存"命令，将动画保存为"光盘\源文件\第5章\实例40.fla"，按快捷键Ctrl+Enter，测试动画效果，如图5-146所示。

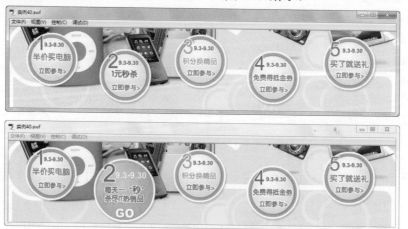

图5-146　测试动画效果

实例41　按钮交互——制作游戏按钮动画　🔍 ➡

实例 目的

　　本实例制作一个游戏按钮动画，在本实例的制作过程中首先在各影片剪辑元件中制作出按钮各部分的动画效果，通过遮罩动画制作出按钮文字动画效果，最后通过按钮元件制作出整个游戏按钮效果。本实例的目的是使读者掌握按钮元件的使用和复杂按钮动画的制作方法。如图5-147所示为制作游戏按钮动画的流程。

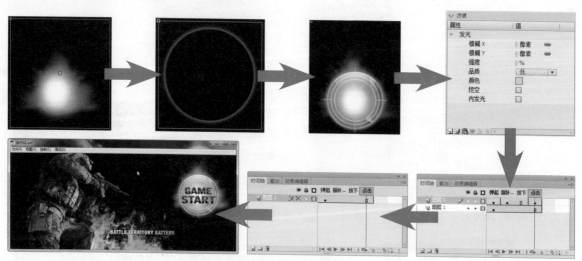

图5-147　操作流程图

实例 重点

　　★　掌握按钮的交互方法　　　　　★　掌握按钮元件的多种运用

实例 步骤

STEP 1 执行"文件>新建"命令，弹出"新建文档"对话框，设置如图5-148所示，单击"确定"按钮，新建文档。执行"插入>新建元件"命令，新建"名称"为"发光动画"的"影片剪辑"元件，如图5-149所示。

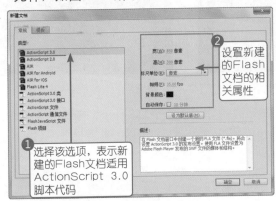

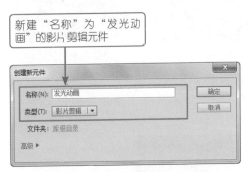

图5-148　"新建文档"对话框　　　　　　　　　　图5-149　"创建新元件"对话框

提示

影片剪辑可以和其他元件一起使用，也可以单独地放在场景中使用。例如，可以将影片剪辑元件放置在按钮的一个状态中，创造出有动画效果的按钮。影片剪辑与常规的时间轴动画最大的不同在于：常规的动画使用大量的帧和关键帧，而影片剪辑只需要在主时间轴上拥有一个关键帧就能够运行。

STEP 2 导入素材图像"光盘\源文件\第5章\素材\4102.png"，将该图像转换成"名称"为"发光"的"影片剪辑"元件，如图5-150所示。选择该元件，在"属性"面板上为其添加"发光"滤镜，分别在第30帧和第60帧按F6键插入关键帧，如图5-151所示。

STEP 3 选择第30帧上的元件，在"属性"面板中设置其滤镜选项，分别在第1帧和第30帧创建传统补间动画，如图5-152所示。新建"名称"为"光圈动画"的"影片剪辑"元件，导入素材图像"光盘\源文件\第5章\素材\4105.png"，如图5-153所示。

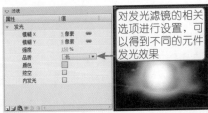

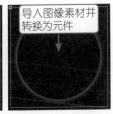

图5-150　导入素材　　图5-151　添加"发光"滤镜　　　　图5-152　元件效果　　　　图5-153　导入素材

STEP 4 将导入的图像转换成"名称"为"光圈"的"图形"元件。选择该元件，将该元件等比例缩小一些，如图5-154所示。在第15帧按F6键插入关键帧，将该帧上的元件等比例放大一些。在第30帧按F6键插入关键帧，设置该帧上元件的Alpha值为0%。分别在第1帧和第15帧创建传统补间动画，如图5-155所示。

STEP 5 新建"名称"为"按钮背景动画"的"影片剪辑"元件，导入素材图像"光盘\源文件\第

5章\素材\4101.png"，如图5-156所示。新建"图层2"，将"发光动画"元件拖入到舞台中，新建"图层3"，导入素材图像"光盘\源文件\第5\素材\4101.png"，如图5-157所示。

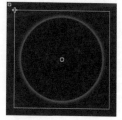
◀ 图5-154　元件效果

◀ 图5-155　元件效果

◀ 图5-156　导入素材

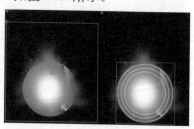
◀ 图5-157　拖入元件并导入素材

STEP 6 ▶ 使用相同的制作方法，可以完成该元件效果的制作，如图5-158所示。新建"名称"为"文字过光动画"的"影片剪辑"元件，导入素材图像"光盘\源文件\第5章\素材\4107.png"，如图5-159所示。

◀ 图5-158　完成该元件效果

导入素材，调整其在舞台的位置

◀ 图5-159　导入素材

STEP 7 ▶ 选择导入的图像，将其转换成"名称"为"按钮文字"的"图形"元件，在第95帧按F5键插入帧，如图5-160所示。新建"图层2"，使用"矩形工具"在舞台中绘制一个矩形，并为该矩形填充线性渐变，进行相应的旋转操作，如图5-161所示。

新建"名称"为"按钮文字"的图形元件

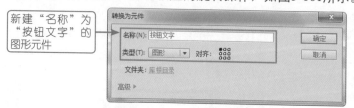
◀ 图5-160　"转换为元件"对话框

填充渐变颜色的矩形，并进行旋转操作

◀ 图5-161　绘制矩形

STEP 8 ▶ 分别在第35帧和第70帧按F6键插入关键帧，选择第35帧上的图形，调整该帧上图形的位置，分别在第1帧和第35帧位置创建补间形状动画，如图5-162所示。新建"图层3"，导入素材图像"光盘\源文件\第5章\素材\4108.png"，按快捷键Ctrl+B将图像分离，使用"魔术棒工具"将图像多余部分删除，如图5-163所示。

◀ 图5-162　调整位置

需要使用该文字图形制作遮罩动画效果，此处的文字图形必须与"图层1"上的文字相重合

◀ 图5-163　处理文字

STEP 9 将"图层3"设置为遮罩层,创建遮罩动画,如图5-164所示。新建"名称"为"游戏按钮"的"按钮"元件,将"按钮背景动画"元件拖入到舞台中,在"点击"帧按F5键插入帧,如图5-165所示。

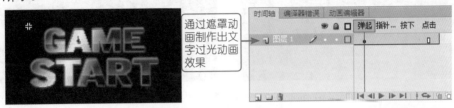

通过遮罩动画制作出文字过光动画效果

◀ 图5-164 场景效果

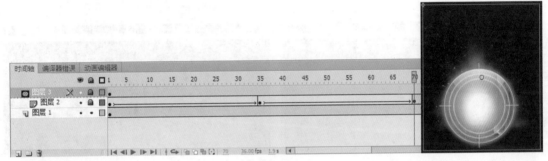

◀ 图5-165 拖入元件

提示

可以在遮罩层、被遮罩层中分别或同时使用补间形状动画、补间动画、传统补间动画、引导层动画等动画手段,从而使遮罩动画变成一个可以施展无限想象力的创作空间。

STEP10 新建"图层2",将"按钮文字"元件拖入到舞台中。在"指针经过"帧按F7键插入空白关键帧,将"文字过光动画"元件拖入到舞台中,如图5-166所示。在"点击"帧按F7键插入空白关键帧,使用"椭圆工具"在该帧上绘制一个正圆形,如图5-167所示。

◀ 图5-166 元件效果

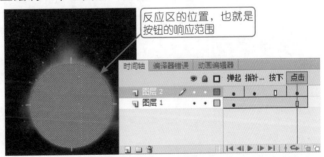

反应区的位置,也就是按钮的响应范围

◀ 图5-167 绘制正圆形

提示

对于动画来说,反应区只是一个为了添加脚本的工具,所以在同一个动画中,可以多次使用此按钮元件,并分别添加脚本。

STEP11 返回"场景1"编辑状态,导入素材图像"光盘\源文件\第5章\素材\4109.png",如图5-168

所示。新建"图层2"，将"游戏按钮"元件从"库"面板中拖入到场景中，如图5-169所示。

◀ 图5-168　导入素材

◀ 图5-169　拖入元件

STEP12 完成按钮动画的制作，执行"文件>保存"命令，将动画保存为"光盘\源文件\第5章\实例41.fla"，按快捷键Ctrl+Enter，测试动画效果，如图5-170所示。

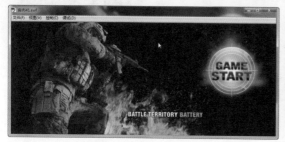

◀ 图5-170　测试动画效果

第6章

Flash CS6

| 声音和视频在动画中的应用

Flash动画之所以惟妙惟肖、趣味性强是由于它应用到许多的资源，如图像、声音和视频等，图像文件可以增强画面的效果，而声音与视频作为一种媒介手段可以增强动画效果的感染力，升华作品的意境，本章将介绍在Flash动画中应用声音和视频的方法。

| 本章重点

实例42　应用音频——为动画添加音效

实例 目的

　　本实例制作一个卡通动画效果，并且通过相关声音的配合，使得Flash动画更加具有画面感，通过本实例可以让读者掌握在Flash中导入声音的方法。如图6-1所示是为动画添加音效的流程图。

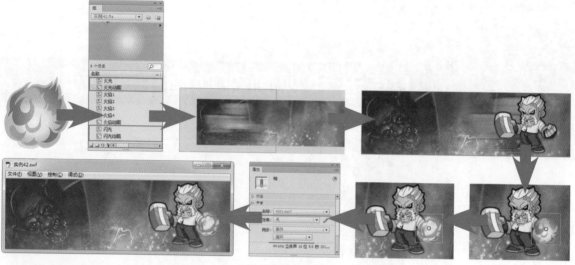

■ 图6-1　操作流程图

实例 重点

　　✦　掌握传统补间动画的制作方法　　　　　　　✦　掌握"混合"选项的设置
　　✦　掌握导入声音文件的方法　　　　　　　　　✦　掌握为动画添加音频的方法

实例 步骤

STEP 1　执行"文件>新建"命令，弹出"新建文档"对话框，对相关选项进行设置，如图6-2所示。单击"确定"按钮，新建Flash文档。执行"插入>新建元件"命令，弹出"创建新元件"对话框，设置如图6-3所示。

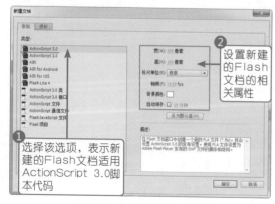

■ 图6-2　"新建文档"对话框

■ 图6-3　"创建新元件"对话框

STEP 2 使用Flash中的绘图工具，在舞台中绘制出火焰图形，如图6-4所示。使用相同的制作方法，新建"火焰2"至"火焰4"元件，并分别绘制出火焰图形，如图6-5所示。

STEP 3 执行"插入>新建元件"命令，弹出"创建新元件"对话框，设置如图6-6所示。从"库"面板中将"火焰1"元件拖入到舞台中，如图6-7所示。

分别绘制出不同形状的火焰图形，便于后面制作火焰的逐帧动画效果

　图6-4　绘制图形　　　　图6-5　绘制其他元件中的图形　　　　图6-6　"创建新元件"对话框　　　图6-7　拖入元件

STEP 4 在第5帧按F7键插入空白关键帧，从"库"面板中将"火焰2"元件拖入到舞台中，并调整到合适的位置，如图6-8所示。使用相同的方法，分别在第9帧和第13帧按F7键插入空白关键帧，分别将"火焰3"和"火焰4"元件拖入到舞台中，在第16帧按F5键插入帧，如图6-9所示。

STEP 5 使用相同的制作方法，可以制作出其他一些元件效果，如图6-10所示。返回"场景1"编辑状态，执行"文件>导入>导入到舞台"命令，导入素材图像"光盘\源文件\第6章\素材\4201.jpg"，在第40帧按F5键插入帧，如图6-11所示。

此处拖入的元件的位置需要与第1帧上元件的位置相同，否则动画会出现不流畅的现象

在第9帧放置"火焰3"元件，在第13帧放置"火焰4"元件

制作出其他的图形元件和影片剪辑元件

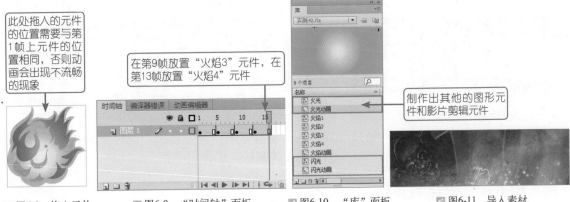

　图6-8　拖入元件　　　　图6-9　"时间轴"面板　　　　图6-10　"库"面板　　　　图6-11　导入素材

STEP 6 新建"图层2"，导入素材图像"光盘\源文件\第6章\素材\4202.png"，如图6-12所示。执行"修改>转换为元件"命令，将其转换成"名称"为"人物模糊"的"图形"元件，如图6-13所示。

导入的图像素材，并且调整到合适的位置

　图6-12　导入素材　　　　　　图6-13　"转换为元件"对话框

STEP 7 在第10帧按F6键插入关键帧，将该帧上的元件向右移动，如图6-14所示。在第15帧按F6键插入关键帧，设置该帧上元件的Alpha值为0%，分别在第1帧和第10帧创建传统补间动画，如图6-15所示。

◀ 图6-14 向右移动元件

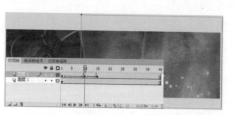

◀ 图6-15 元件效果

STEP 8 新建"图层3"，在第10帧按F6键插入关键帧，导入素材"光盘\源文件\第6章\素材\4203. png"，如图6-16所示。执行"修改>转换为元件"命令，将其转换成"名称"为"人物"的"图形"元件，如图6-17所示。

◀ 图6-16 导入素材

◀ 图6-17 "转换为元件"对话框

STEP 9 在第15帧按F6键插入关键帧，选择第10帧上的元件，设置其Alpha值为0%，如图6-18所示。在第10帧创建传统补间动画，"时间轴"面板如图6-19所示。

◀ 图6-18 元件Alpha值为0%效果

◀ 图6-19 "时间轴"面板

STEP10 新建"图层4"，在第20帧按F6键插入关键帧，将"火焰动画"元件拖入到舞台中，如图6-20所示。分别在第25帧和第30帧按F6键插入关键帧，选择第20帧上的元件，设置其Alpha值为0%，如图6-21所示。选择第25帧上的元件，将其等比例放大一些，如图6-22所示。分别在第20帧和第25帧创建传统补间动画。

◀ 图6-20 拖入元件

◀ 图6-21 元件效果

◀ 图6-22 放大元件

STEP11 将"图层4"调整至"图层3"下方，新建"图层5"，在第20帧按F6键插入关键帧，将"火焰动画"元件拖入到舞台中，设置其"混合"选项为"叠加"，如图6-23所示。根据"图层4"的制作方法，可以完成"图层5"上动画效果的制作，"时间轴"面板如图6-24所示。

提示

在Flash中混合是一种元件的属性，并且只对"影片剪辑"元件起作用，使用混合模式可以混合重叠影片剪辑中的颜色，通过各个选项的设置，能够创造出别具一格的视觉效果，从而能够为动画的效果增添不少色彩。

设置"混合"选项为"叠加",可以复合或过滤颜色,结果颜色取决于基准颜色

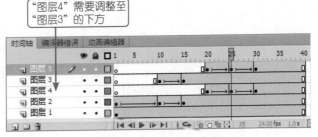

"图层4"需要调整至"图层3"的下方

◀ 图6-23 拖入元件并设置　　　　　　　　◀ 图6-24 "时间轴"面板

STEP12 ▶ 新建"图层6",在第30帧按F6键插入关键帧,从"库"面板中将"火光动画"元件拖入到舞台中,如图6-25所示。在第35帧按F6键插入关键帧,选择第30帧上的元件,设置其Alpha值为0%,在第30帧创建传统补间动画,如图6-26所示。

拖入到舞台的"火光动画"元件,并调整至合适的位置

制作的是逐渐显示的动画效果

◀ 图6-25 拖入元件　　　　　　　　◀ 图6-26 "时间轴"面板

STEP13 ▶ 新建"图层7",在第40帧按F6键插入关键帧,将"闪光动画"元件拖入到舞台中,如图6-27所示。执行"文件>导入>导入到库"命令,在弹出的对话框中选择需要导入的声音文件,如图6-28所示。单击"打开"按钮,即可将选择的声音文件导入到"库"面板中,如图6-29所示。

拖入到舞台的"闪光动画"元件,并调整至合适的位置

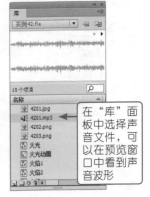

在"库"面板中选择声音文件,可以在预览窗口中看到声音波形

◀ 图6-27 拖入元件　　　◀ 图6-28 "导入到库"对话框　　　◀ 图6-29 "库"面板

提示

音频是一个优秀动画作品中必不可少的重要元素之一,在Flash 动画中导入音频可以使Flash动画本身效果更加丰富,并且对Flash本身起到很大的烘托作用,使动画作品增色不少。

STEP14 ▶ 新建"图层8",在第20帧按F6键插入关键帧,在"属性"面板上的"名称"下拉列表中选择刚导入到"库"面板中的声音,如图6-30所示。在第40帧按F6键插入关键帧,按F9键打开"动作"面板,输入脚本代码stop();,"时间轴"面板如图6-31所示。

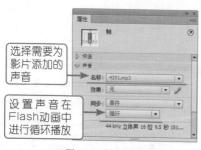

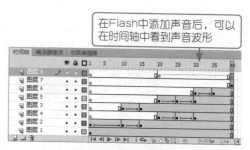

在Flash中添加声音后，可以在时间轴中看到声音波形

选择需要为影片添加的声音

设置声音在Flash动画中进行循环播放

图6-30 设置声音选项

图6-31 "时间轴"面板

STEP15 完成动画的制作，执行"文件>保存"命令，将动画保存为"光盘\源文件\第6章\实例42.fla"，按快捷键Ctrl+Enter，测试动画效果，如图6-32所示。

图6-32 测试Flash动画效果

知识 拓展

在Flash CS6中，可以通过执行"文件>导入"命令，将外界各种类型的声音文件导入到动画场景中，在Flash中支持被导入的音频文件格式如表6-1所示。

表6-1 音频文件格式

文件格式	适用环境
ASND	Windows 或 Macintosh
WAV	Windows
AIFF	Macintosh
MP3	Windows 或 Macintosh

如果系统中安装了QuickTime 4或更高版本，则可以导入如表6-2所示的声音文件格式。

表6-2 支持的声音文件格式

文件格式	适用环境
AIFF	Windows 或 Macintosh
Sound Designer® II	Macintosh
QuickTime 影片	Windows 或 Macintosh
Sun AU	Windows 或 Macintosh
System 7 声音	Macintosh
WAV	Windows 或 Macintosh

提 示

ASND格式是Adobe Soundbooth的本机音频文件格式，具有非破坏性。ASND文件可以包含应用了效果的音频数据（可对效果进行修改）、Soundbooth多轨道会话和快照（允许恢复到ASND文件的前一状态）。

由于音频文件本身比较大，为了避免占用较大的磁盘空间和内存，在制作动画时尽量选择效果相对较好、文件较小的声音文件。MP3音频数据是经过压缩处理的，所以比WAV或AIFF文件小。如果使用WAV或AIFF文件，要使用16位22kHz单声，如果要向Flash中添加音频效果，最好导入16位音频。当然，如果内存有限，就尽可能地使用短的音频文件或用8位音频文件。

实例43　多声音应用——添加背景音乐

实例　目的

本实例制作一个卡通网站欢迎动画，主要是使用基础的传统补间动画方式制作动画效果，在动画中加入背景音乐，使得该Flash动画更加吸引浏览者，增加浏览者的好奇心和关注度。如图6-33所示为添加背景音乐的流程图。

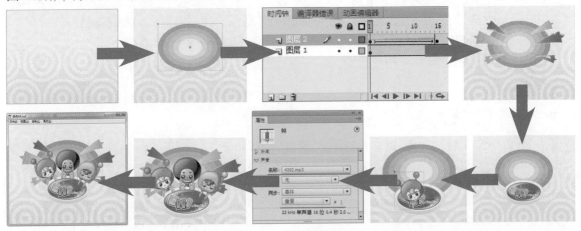

◀ 图6-33　操作流程图

实例　重点

★ 掌握传统补间动画的制作方法

★ 掌握为动画添加多个声音的方法

★ 掌握导入声音文件的方法

实例　步骤

STEP 1　执行"文件>新建"命令，弹出"新建文档"对话框，对相关选项进行设置，如图6-34所示。单击"确定"按钮，新建Flash文档。执行"文件>导入>导入到舞台"命令，导入素材图像"光盘\源文件\第6章\素材\4301.jpg"，在第90帧按F5键插入帧，如图6-35所示。

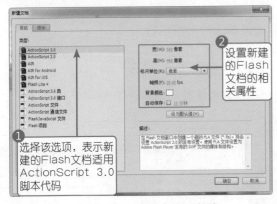

◀ 图6-34　"新建文档"对话框

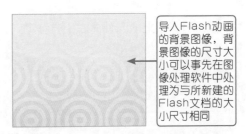

◀ 图6-35　导入素材图像

STEP 2　新建"图层2"，导入素材图像"光盘\源文件\第6章\素材\4306.jpg"，将其转换成"名称"为"椭圆"的"图形"元件，如图6-36所示。在第15帧按F6键插入关键帧，选择第1帧上的元件，将其等比例缩小，在第1帧创建传统补间动画，如图6-37所示。

导入素材图像转换为元件，并调整至合适的位置

◀ 图6-36　导入素材图像

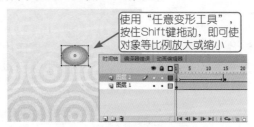

使用"任意变形工具"，按住Shift键拖动，即可使对象等比例放大或缩小

◀ 图6-37　缩小元件并创建动画

> **提示**
>
> 执行"窗口>变形"命令，打开"变形"面板，在该面板中可以输入相应的数值，从而可以对元件或图形的尺寸进行精确调整。

STEP 3 导入声音文件"光盘\源文件\第6章\素材\4301.mp3"，选择"图层2"第1帧，在"属性"面板上的"名称"下拉列表中选择刚导入的声音文件，如图6-38所示，"时间轴"面板如图6-39所示。

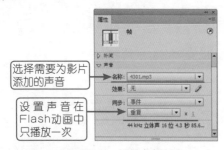

选择需要为影片添加的声音

设置声音在Flash动画中只播放一次

◀ 图6-38　设置声音选项

在动画中添加声音后，声音波形会显示在时间轴中

◀ 图6-39　"时间轴"面板

> **提示**
>
> Flash CS6包括两种声音类型：事件声音和流式声音（音频流）。事件音频：必须等全部下载完毕才能开始播放，并且是连续播放，直到接受了明确的停止命令。可以把事件音频用作单击按钮的音频，也可以把它作为循环背景音乐。流式音频：只要下载了一定的帧数，就可以立即开始播放，而且音频的播放可以与时间轴上的动画保持同步。

STEP 4 新建"图层3"，在第30帧按F6键插入关键帧，导入素材图像"光盘\源文件\第6章\素材\4310.png"，并将其转换成"名称"为"彩条1"的"图形"元件，如图6-40所示。在第40帧按F6键插入关键帧，将该帧上的元件向右上方移动，在第30帧创建传统补间动画，如图6-41所示。

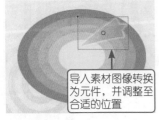

导入素材图像转换为元件，并调整至合适的位置

◀ 图6-40　导入素材图像

将元件向右上方移动

◀ 图6-41　调整元件位置

STEP 5 使用相同的制作方法，可以制作出"图层4"至"图层8"上的动画效果，场景效果如图6-42所示，"时间轴"面板如图6-43所示。

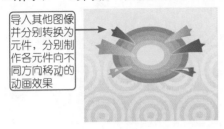

导入其他图像并分别转换为元件，分别制作各元件向不同方向移动的动画效果

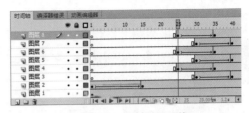

图6-42　场景效果

图6-43　"时间轴"面板

STEP 6 新建"图层9"，在第5帧按F6键插入关键帧，导入素材图像"光盘\源文件\第6章\素材\4302.png"，将其转换成"名称"为"椭圆图形"的"图形"元件，如图6-44所示。分别在第15帧和第20帧按F6键插入关键帧，选择第5帧上的元件，将该帧上的元件等比例缩小并向上移动，如图6-45所示。

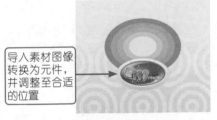

导入素材图像转换为元件，并调整至合适的位置

使用"任意变形工具"，按住Shift键拖动，将元件等比例缩小，并向上移动位置

图6-44　导入素材

图6-45　缩小元件并移动

STEP 7 选择第15帧上的元件，将该帧上的元件向下移动，如图6-46所示。分别在第5帧和第15帧创建传统补间动画，如图6-47所示。

将元件向下稍稍移动一些位置

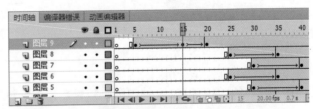

图6-46　向下移动元件

图6-47　"时间轴"面板

STEP 8 新建"图层10"，在第20帧按F6键插入关键帧，导入素材图像"光盘\源文件\第6章\素材\4305.png"，将其转换成"名称"为"卡通人1"的"图形"元件，如图6-48所示。在第30帧按F6键插入关键帧，将该帧上的元件向右上方移动，如图6-49所示。

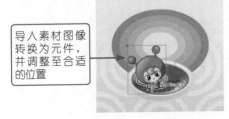

导入素材图像转换为元件，并调整至合适的位置

将元件向右上方移动位置

图6-48　导入素材图像

图6-49　移动元件位置

STEP 9 设置第20帧上的元件Alpha值为0%，在第20帧创建传统补间动画，如图6-50所示。导入声音文件"光盘\源文件\第6章\素材\4302.mp3"，选择"图层10"的第20帧，在"属性"面板上的"名称"下拉列表中选择刚导入的声音文件，如图6-51所示。

图6-50 元件效果

图6-51 设置声音选项

提示

由于事件音频在播放之前必须完全下载，所以音频文件不易过大。可以将同一个音频在某处设置为事件音频，而在另一处设置为流式音频。

STEP10 根据"图层10"相同的制作方法，可以完成"图层11"和"图层12"上动画效果的制作，如图6-52所示。新建"图层13"，在第90帧按F6键插入关键帧，按F9键打开"动作"面板，输入脚本代码stop();，"时间轴"面板如图6-53所示。

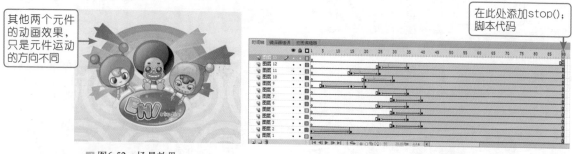

图6-52 场景效果

图6-53 "时间轴"面板

STEP11 完成动画的制作，执行"文件>保存"命令，将文件保存为"光盘\源文件\第6章\实例43.fla"，按快捷键Ctrl+Enter，测试动画效果，如图6-54所示。

图6-54 测试Flash动画效果

实例44 按钮声音应用——为按钮添加音效

实例 目的

本实例制作一个游戏网站的导航菜单，将各菜单项制作为按钮元件，并且在按钮中添加声音效果，增强游戏网站导航菜单的交互性效果。如图6-55所示是为按钮添加音效的流程图。

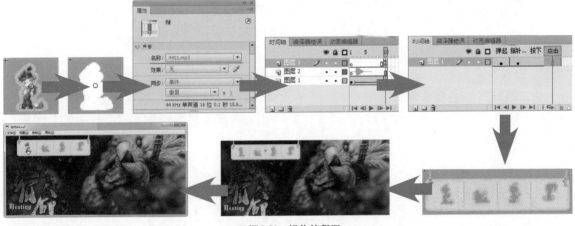

图6-55 操作流程图

实例 重点

★ 掌握传统补间动画的制作方法
★ 掌握元件样式的设置方法
★ 掌握声音属性的设置
★ 理解按钮元件的各帧作用

实例 步骤

STEP 1 执行"文件>新建"命令，弹出"新建文档"对话框，对相关选项进行设置，如图6-56所示。单击"确定"按钮，新建Flash文档。执行"插入>新建元件"命令，弹出"创建新元件"对话框，设置如图6-57所示。

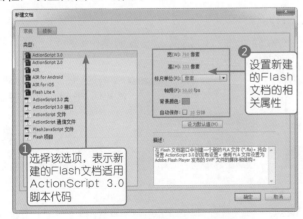

①选择该选项，表示新建的Flash文档适用ActionScript 3.0脚本代码

②设置新建的Flash文档的相关属性

图6-56 "新建文档"对话框

新建"名称"为"卡通动画"的影片剪辑元件

图6-57 "创建新元件"对话框

STEP 2 导入素材图像"光盘\源文件\第6章\素材\4403.png"，将其转换成"名称"为"卡通1"

137

的图形元件，如图6-58所示。在第10帧按F6键插入关键帧，选择第1帧上的元件，在"属性"面板中设置其"亮度"为100%，在第1帧创建传统补间动画，如图6-59所示。

导入素材转换为元件，并调整元件的位置

在"样式"下拉列表中选择"亮度"选项，即可设置元件的亮度

图6-58 导入素材图像　　　　　　　　　　　　　图6-59 设置元件属性

STEP 3 新建"图层2"，导入声音素材"光盘\源文件\第6章\素材\4401.mp3"，在"属性"面板上的"名称"下拉列表中选择刚导入的声音文件，如图6-60所示。新建"图层3"，在第10帧按F6键插入关键帧，按F9键打开"动作"面板，输入脚本代码stop();，"时间轴"面板如图6-61所示。

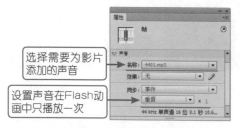

选择需要为影片添加的声音

设置声音在Flash动画中只播放一次

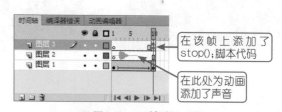

在该帧上添加了stop();脚本代码

在此处为动画添加了声音

图6-60 设置声音属性　　　　　　　　　　　　　图6-61 "时间轴"面板

提 示

当导入MP3文件时，可以选择使用导入时的设置以MP3格式导出文件，MP3最大的特点就是以较小的比特率、较大的压缩比达到近乎完美的CD音质。所以用MP3格式对WAV音乐文件进行压缩既可以保证效果，也达到了减少数据量的目的。

提 示

有时音乐文件无法导入到Flash中，说明它的压缩率不在Flash支持的范围之内。解决的方法是重新对音乐文件进行压缩或采样，一般可以尝试重新下载可以导入Flash中的声音文件。

STEP 4 执行"插入>新建元件"命令，弹出"创建新元件"对话框，设置如图6-62所示。导入素材图像"光盘\源文件\第6章\素材\4402.png"，如图6-63所示。

新建"名称"为"卡通1按钮"的按钮元件

在"弹起"帧导入素材图像

图6-62 "创建新元件"对话框　　　　　　　　　图6-63 导入素材图像

STEP 5 在"指针经过"帧按F7键插入空白关键帧，从"库"面板中将"卡通1动画"元件拖入到舞台中，在"点击"帧按F5键插入帧，如图6-64所示。使用相同的制作方法，可以制作出其他相似的元件，如图6-65所示。

在"指针经过"帧拖入"卡通1动画"元件，注意该帧上元件的位置需要与"弹起"帧上元件的位置相同

◀ 图6-64 拖入元件

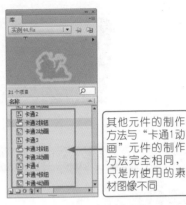

其他元件的制作方法与"卡通1动画"元件的制作方法完全相同，只是所使用的素材图像不同

◀ 图6-65 "库"面板

STEP 6 执行"插入>新建元件"命令，弹出"创建新元件"对话框，设置如图6-66所示。导入素材图像"光盘\源文件\第6章\素材\4410.png"，如图6-67所示。

新建"名称"为"菜单动画"的影片剪辑元件

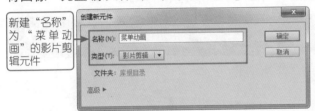

◀ 图6-66 "创建新元件"对话框

◀ 图6-67 导入素材图像

STEP 7 新建"图层2"，从"库"面板中将"卡通1按钮"元件拖入到舞台中，如图6-68所示。使用相同的制作方法，依次将"卡通2按钮"、"卡通3按钮"和"卡通4按钮"元件拖入到舞台中，如图6-69所示。

拖入元件并调整到合适的位置

◀ 图6-68 拖入元件

拖入的多个元件要尽量对齐，使效果更整齐

◀ 图6-69 拖入元件

STEP 8 返回"场景1"编辑状态，导入素材图像"光盘\源文件\第6章\素材\4401.jpg"，如图6-70所示。新建"图层2"，从"库"面板中将"菜单动画"元件拖入到舞台中，如图6-71所示。

◀ 图6-70 导入素材图像

◀ 图6-71 拖入元件

STEP 9 完成动画的制作，执行"文件>保存"命令，将文件保存为"光盘\源文件\第6章\实例44.fla"，按快捷键Ctrl+Enter，测试动画效果，如图6-72所示。

图6-72　测试Flash动画效果

实例45　声音的采样率——控制音频播放

实例　目的

　　本实例制作一个卡通场景动画，在制作过程中主要是通过传统补间动画制作整个动画效果，通过ActionScript脚本代码控制动画中的背景音乐的播放与停止，读者在本实例的制作过程中，注意学习控制声音播放和停止的方法。如图6-73所示为控制音频播放的流程图。

图6-73　操作流程图

实例　重点

　　✦　掌握文字动画的制作方法　　　　　　　✦　理解声音同步选项
　　✦　掌握使用ActionScript控制声音

实例　步骤

STEP 1　执行"文件>新建"命令，弹出"新建文档"对话框，对相关选项进行设置，如图6-74所示。单击"确定"按钮，新建Flash文档。执行"插入>新建元件"命令，弹出"创建新元件"对话框，设置如图6-75所示。

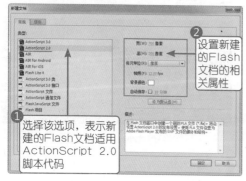
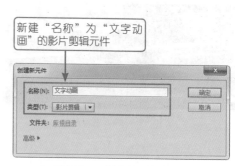

图6-74　"新建文档"对话框　　　　　　　　图6-75　"创建新元件"对话框

STEP 2 使用"文本工具"在舞台中输入文字内容，将文字创建轮廓，并为文字添加笔触，"笔触高度"为3，将其转换成"名称"为"我"的图形元件，如图6-76所示。在第5帧按F6键插入关键帧，选择第1帧上的元件，将其向下移动10像素并设置其Alpha值为0%，在第1帧创建传统补间动画，如图6-77所示。

■ 图6-76　输入文字并转换为元件　　　　　　　　　■ 图6-77　设置Alpha属性并向下移动

STEP 3 分别在第72、73和78帧按F6键插入关键帧，选择第73帧上的元件，在"属性"面板上设置其"亮度"为100%，并将其向上移动7像素，如图6-78所示。在第73帧创建传统补间动画，"时间轴"面板如图6-79所示。

■ 图6-78　元件效果　　　　　　　　　　　　　　　　■ 图6-79　"时间轴"面板

STEP 4 分别在第144帧和第149帧按F6键插入关键帧，将第149帧上的元件向下移动10像素，如图6-80所示。在第144帧创建传统补间动画，在第190帧按F5键插入帧，"时间轴"面板如图6-81所示。

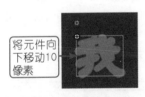

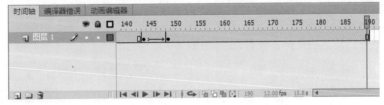

■ 图6-80　向下移动元件　　　　　　　　　　　　　　■ 图6-81　"时间轴"面板

STEP 5 新建"图层2"，使用"文本工具"在舞台中输入文字，将文字创建轮廓，将其转换成"名称"为"我1"的图形元件，如图6-82所示。在第5帧按F6键插入关键帧，将该帧上的元件向上移动，调整到合适的位置，如图6-83所示，在第1帧创建传统补间动画。使用相同的制作方法，可以完成"图层2"上动画效果的制作，如图6-84所示。

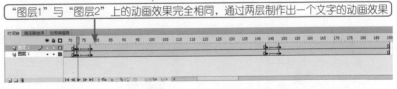

■ 图6-82　转换为　■ 图6-83　向上移　　　　　　　　　■ 图6-84　"时间轴"面板
　　　　元件　　　　　　动元件

STEP 6 使用相同的制作方法，可以完成其他图层文字动画效果的制作，场景效果如图6-85所示，"时间轴"面板如图6-86所示。

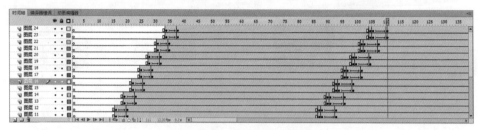

> 其他文字的动画效果与第一个文字的动画效果完全相同，只是起始帧不同

◀ 图6-85 场景效果

◀ 图6-86 "时间轴"面板

STEP 7 返回"场景1"编辑状态，导入素材图像"光盘\源文件\第6章\素材\4501.jpg"，将其转换成"名称"为"背景1"的图形元件，如图6-87所示。在第25帧按F6键插入关键帧，设置其Alpha值为0%，在第1帧创建传统补间动画，在第65帧按F5键插入帧，如图6-88所示。

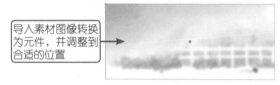

> 导入素材图像转换为元件，并调整到合适的位置

◀ 图6-87 导入素材并转换为元件

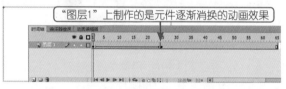

> "图层1"上制作的是元件逐渐消换的动画效果

◀ 图6-88 设置元件Alpha属性

STEP 8 新建"图层2"，在第15帧按F6键插入关键帧，导入素材图像"光盘\源文件\第6章\素材\4502.jpg"，将其转换成"名称"为"背景2"的图形元件，如图6-89所示。在第40帧按F6键插入关键帧，选择第15帧上的元件，设置其Alpha值为0%，在第15帧创建传统补间动画，如图6-90所示。

◀ 图6-89 导入素材并转换为元件

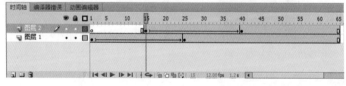

◀ 图6-90 "时间轴"面板

STEP 9 新建"图层3"，在第35帧按F6键插入关键帧，导入素材图像"光盘\源文件\第6章\素材\4503.png"，将其转换成"名称"为"人物1"的图形元件，如图6-91所示。在第55帧按F6键插入关键帧，选择第35帧上的元件，设置其Alpha值为0%，在第35帧创建传统补间动画，如图6-92所示。

> 导入素材图像转换为元件，并调整到合适的位置

◀ 图6-91 导入素材并转换为元件

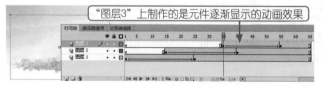

> "图层3"上制作的是元件逐渐显示的动画效果

◀ 图6-92 设置元件Alpha属性

STEP10 使用相同的制作方法，可以完成"图层4"上动画效果的制作，场景效果如图6-93所示，"时间轴"面板如图6-94所示。

"图层4"上元件的位置需要与
"图层3"上元件的位置相同

"图层4"上制作的是元件逐渐显示的动画效果

◀ 图6-93 场景效果

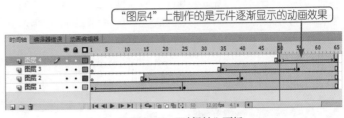

◀ 图6-94 "时间轴"面板

STEP11▶ 新建"图层5"，在第65帧按F6键插入关键帧，从"库"面板中将"文字动画"元件拖入到舞台中，如图6-95所示。新建"图层6"，在第65帧按F6键插入关键帧，按F9键打开"动作"面板，输入脚本代码stop();，如图6-96所示。

双击可以进入元件编辑状态，查看元件的位置是否合适

◀ 图6-95 拖入元件

在该帧上添加了stop();脚本代码

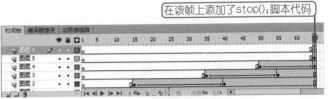

◀ 图6-96 "时间轴"面板

STEP12▶ 执行"文件>导入>打开外部库"命令，打开外部库文件"光盘\源文件\第6章\素材\实例45-素材.fla"，如图6-97所示。新建"图层7"，从"外部库"面板中将"声音按钮"元件拖入到舞台中，如图6-98所示。

STEP13▶ 新建"图层8"，执行"文件>导入>导入到库"命令，导入声音文件"光盘\源文件\第6章\素材\4501.mp3"，如图6-99所示。选择"图层8"第1帧，在"属性"面板上的"名称"下拉列表中选择刚导入的声音文件，如图6-100所示。

打开的外部素材库文件中所包含的所有元件

从外部库中拖入元件并调整到合适的位置

导入到"库"面板中的声音文件

选择需要为影片所添加的声音

设置声音在Flash动画中重复播放100次

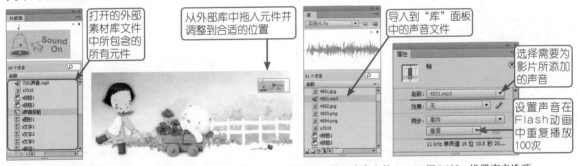

◀ 图6-97 "外部库"面板　◀ 图6-98 拖入元件　◀ 图6-99 导入声音文件　◀ 图6-100 设置声音选项

提 示

影响声音质量的主要因素包括声音的采样率、声音的位深、声道和声音的保存格式等。其中，声音的采样率和声音的位深直接影响到声音的质量，甚至影响到声音的立体感。

提 示

可以在"库"面板中的声音文件上单击鼠标右键，在弹出的菜单中选择"属性"命令，使用"声音属性"对话框中的压缩设置可以很好地控制单个声音文件的导出质量和大小。

STEP14 选择"图层8"的第1帧，按F9键打开"动作"面板，输入脚本代码，如图6-101所示。将文档"背景颜色"修改为白色，完成该动画的制作，可以看到"时间轴"面板的效果，如图6-102所示。

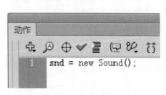

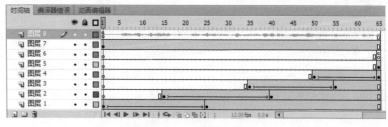

◄ 图6-101　输入ActionScript脚本代码　　　　　◄ 图6-102　"时间轴"面板

> **提 示**
>
> 在为Flash影片添加声音时，一般建议将每个声音放在一个独立图层上，每个图层作为一个独立的声音通道，当重放影片时，所有图层上的声音会自动混合在一起。

STEP15 完成动画的制作，执行"文件>保存"命令，将动画保存为"光盘\源文件\第6章\实例45.fla"，按快捷键Ctrl+Enter，测试动画效果，如图6-103所示。

◄ 图6-103　测试Flash动画效果

知识 ▶ 拓展

在Flash CS6中，可以在"属性"面板中的"声音"选项区中对声音的相关属性进行设置，如图6-104所示。为声音添加效果，设置事件以及播放次数，通过声音的编辑控制功能还可以对声音的起始点进行定义、控制音频的音量、改变音频开始播放和停止播放的位置以及将声音文件中多余的部分删除以减小文件的大小。

◄ 图6-104　"属性"面板

★ 名称：在该选项后可以看到当前添加的音频文件名，如果需要对其音频文件进行更改，可以在下拉列表中选择需要的音频即可。

★ 效果：该选项可以用来设置音频的效果，在该下拉列表中根据设计的需要，可以选择任意一种效果，如图6-105所示。同时也可以单击"编辑声音封套"按钮，在弹出的"编辑封套"对话框中对其效果进行设置，如图6-106所示。

★　同步：在该选项区中包括"同步声音"下拉列表和"声音循环"下拉列表，它们可以用来设置音频与场景中的时间保持同步。

在"同步声音"下拉列表中选择"事件"选项，可以为声音选择一个开始关键帧或停止关键帧，该关键帧将和场景中事件的关键帧相对应，如图6-107所示。除了"事件"以外，在该选项的下拉列表中还包括其他几个选项，如图6-108所示。

选择"事件"选项，可以将声音和一个事件的发生过程同步起来。事件声音在它的起始关键帧开始播放，并独立于时间轴播放整个声音，即使影片停止也会继续播放。当播放发布的动画时，事件声音会混合在一起。

"开始"选项与"事件"选项相似，但如果声音正在播放，新声音则不会播放。

◀ 图6-105　"效果"下拉列表　　◀ 图6-106　"编辑封套"对话框

◀ 图6-107　选择"事件"选项　　◀ 图6-108　"同步"下拉列表

选择"停止"选项可以使当前指定的声音停止播放。

选择"数据流"选项，可以用于在互联网上同步播放声音，Flash可以协调动画和声音流，使动画与声音同步。如果Flash显示动画帧的速度不够快，Flash会自动跳过一些帧。与事件声音不同的是，如果声音过长而动画过短，声音流将随着动画的结束而停止播放。声音流的播放长度绝不会超过它所占帧的长度。发布影片时，声音流混合在一起播放。

对"声音循环"下拉列表进行设置，可以指定声音播放的次数，如图6-109所示。系统默认为播放一次，如果需要将声音设置为持续播放较长时间，可以在该文本框中输入较大的数值。另外，还可以在该选项的下拉列表中选择"循环"选项以连续播放声音，如图6-110所示。但是需要注意，如果将声音设置为循环播放，帧就会添加到文件中，文件的大小就会根据声音循环播放的次数而倍增，所以一般情况下，不建议设置为循环播放。

◀ 图6-109　设置"重复"次数　　◀ 图6-110　选择"循环"选项

实例46　视频的导入——制作网站宣传动画

实例 ▶ 目的

通过本实例讲解在Flash中导入视频文件的方法，并且用基础动画加以配合，最终完成动画效果的制作。本实例的目的是使读者掌握视频的导入方法，如图6-111所示为制作网站宣传动画的流程图。

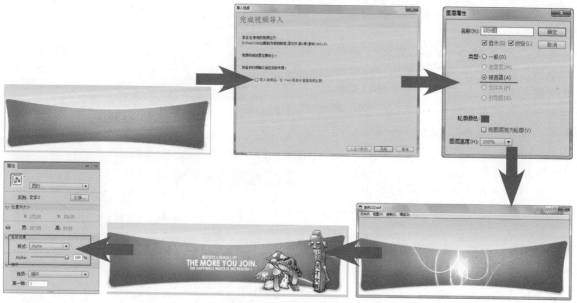

◀ 图6-111 操作流程图

实例 重点 ✎

✦ 掌握导入视频的方法　　　　　　　　✦ 理解导入视频的3种方式
✦ 掌握多图层遮罩的方法　　　　　　　✦ 掌握传统补间动画的制作方法

实例 步骤 ✎

STEP 1 执行"文件>新建"命令，弹出"新建文档"对话框，设置如图6-112所示，单击"确定"按钮，新建文档。导入素材图像"光盘\源文件\第6章\素材\4601.jpg"，在第500帧按F5键插入帧，如图6-113所示。

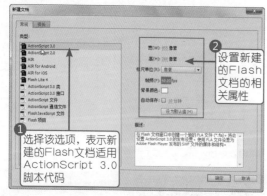

◀ 图6-112 "新建文档"对话框

◀ 图6-113 导入素材

STEP 2 新建"图层2"，在第5帧按F6键插入关键帧，执行"文件>导入>导入视频"命令，弹出"导入视频"对话框，单击"浏览"按钮，在弹出的"导入"对话框中选择需要导入的视频文件"光盘\源文件\第6章\素材\4601.flv"，如图6-114所示。单击"打开"按钮，选中"在SWF中嵌入FLV并在时间轴中播放"单选按钮，如图6-115所示。

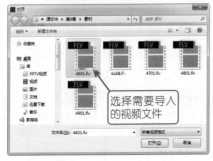

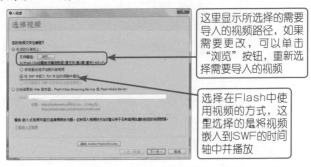

这里显示所选择的需要导入的视频路径，如果需要更改，可以单击"浏览"按钮，重新选择需要导入的视频

选择在Flash中使用视频的方式，这里选择的是将视频嵌入到SWF的时间轴中并播放

◀ 图6-114　选择需要导入的视频　　　　　◀ 图6-115　设置"导入视频"对话框

提示

Flash CS6中的视频根据文件的大小和网络条件，可以采用3种方式将视频导入到Flash文档中，包括渐进式下载、嵌入视频和流式加载视频。

选中"使用播放组件加载外部视频"选项，在导入视频时，会同时通过FLVPlayback组件创建视频的外观。将Flash文档作为SWF发布并将其上传到Web服务器时，还必须将视频文件上传到Web服务器或Flash Media Server，并按照已上传视频文件的位置进行配置。

选中"在SWF中嵌入FLV并在时间轴中播放"选项，允许将FLV或F4V嵌入到Flash文档中成为Flash文档的一部分，导入的视频将直接置于时间轴中，可以清晰地看到时间轴帧所表示的各个视频帧的位置。

选中"作为捆绑在SWF中的移动设备视频导入"选项，与在Flash文档中嵌入视频类似，将视频绑定到Flash Lite文档中以部署到移动设备。要使用该功能，必须以Flash Lite 2.0、Flash Lite 2.1、Flash Lite 3.0和Flash Lite 3.1为目标。

STEP 3 单击"下一步"按钮，切换到"嵌入"选项设置，这里使用默认设置，如图6-116所示。单击"下一步"按钮，切换到"完成视频导入"选项设置，显示导入视频的相关内容，如图6-117所示。

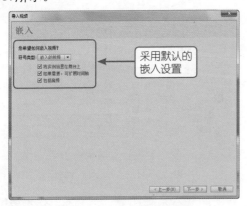

采用默认的嵌入设置

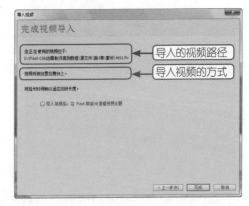

导入的视频路径

导入视频的方式

◀ 图6-116　"嵌入"界面　　　　　◀ 图6-117　"完成视频导入"界面

STEP 4 单击"完成"按钮，导入视频并嵌入到时间轴中，如图6-118所示。新建"图层3"，在第233帧按F6键插入关键帧，使用相同的制作方法，导入视频并嵌入时间轴，如图6-119所示。

导入到舞台中的视频效果

图6-118 导入视频

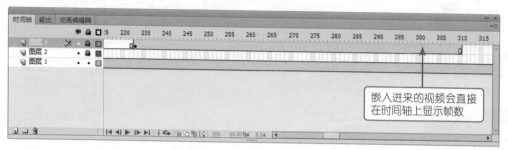

嵌入进来的视频会直接在时间轴上显示帧数

图6-119 "时间轴"面板

STEP 5 新建"图层4"，在第5帧按F6键插入关键帧，使用"钢笔工具"绘制图形并填充颜色，如图6-120所示。将"图层4"设置为遮罩层，创建遮罩动画，如图6-121所示。

绘制一个与背景图像一样大的图形，方便对视频进行遮罩处理

图6-120 绘制图形

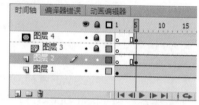

图6-121 创建遮罩动画

STEP 6 在"图层2"上单击鼠标右键，在弹出的菜单中选择"属性"命令，弹出"图层属性"对话框，设置"类型"为"被遮罩"，如图6-122所示。单击"确定"按钮，将"图层2"同样设置为"图层4"的被遮罩层，如图6-123所示。

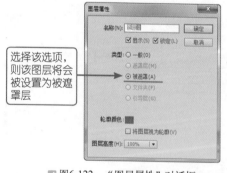

选择该选项，则该图层将会被设置为被遮罩层

图6-122 "图层属性"对话框

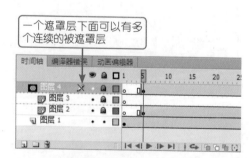

一个遮罩层下面可以有多个连续的被遮罩层

图6-123 "时间轴"面板

STEP 7 新建"图层5"，在第110帧按F6键插入关键帧，导入素材图像"光盘\源文件\第6章\素材\4602.png"，将其转换成"名称"为"卡通1"的图形元件，如图6-124所示。在第137帧上按F6键插入关键帧，选中第110帧上的元件，设置其Alpha值为0%，创建传统补间动画，如图6-125所示。

导入素材图像并转换为元件

图6-124 导入素材并转换为元件

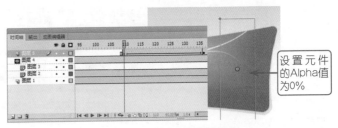

设置元件的Alpha值为0%

图6-125 创建传统补间动画

STEP 8 新建"图层6"，在第189帧按F6键插入关键帧，导入素材图像"光盘\源文件\第6章\素材\4603. png"，将其转换成"名称"为"卡通2"的图形元件，如图6-126所示。新建"图层7"，在第290帧按F6键插入关键帧，导入素材图像"光盘\源文件\第6章\素材\4605.png"，将其转换成"名称"为"文字2"的图形元件，如图6-127所示。

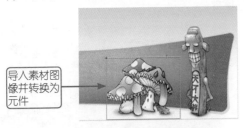

导入素材图像并转换为元件

图6-126 导入素材并转换为元件

导入素材图像并转换为元件

图6-127 导入素材并转换为元件

STEP 9 在第305帧按F6键插入关键帧，选择第290帧上的元件，设置其Alpha值为0%，在第290帧创建传统补间动画，如图6-128所示。使用相同的制作方法，完成"图层8"中动画效果的制作，如图6-129所示。

设置元件的Alpha值为0%

图6-128 创建传统补间动画

图6-129 场景效果

STEP10 新建"图层9"，在第500帧按F6键插入关键帧，按F9键打开"动作"面板，输入脚本代码，如图6-130所示，"时间轴"面板如图6-131所示。

跳转到时间轴的第233帧位置并播放

`gotoAndPlay(233);`

图6-130 输入脚本代码

图6-131 "时间轴"面板

STEP11 完成动画的制作，执行"文件>保存"命令，将动画保存为"光盘\源文件\第6章\实例46.fla"，按快捷键Ctrl+Enter，测试Flash动画效果，如图6-132所示。

图6-132　测试Flash动画效果

知识　拓展

在Flash CS6中，可以导入多种视频文件格式，如果用户系统中安装了适用于Macintosh的QuickTime 7、适用于Windows的QuickTime 6.5，或者安装了DirectX 9或更高版本（仅限于Windows），则可以导入多种文件格式的视频剪辑，如MOV、AVI和MPG/MPEG等格式，还可以导入MOV格式的链接视频剪辑。可以将带有嵌入视频的Flash文档发布为SWF文件。如果使用带有链接的Flash文档，就必须以QuickTime格式发布。

如果安装了QuickTime 7，则导入嵌入视频时支持的格式如表6-3所示。

表6-3　视频格式

文件类型	扩展名
音频视频	.avi
数字视频	.dv
运动图像专家组	.mpg、.mpeg
Quick Time视频	.mov

如果系统中安装了DirectX 9或者更高版本（仅限于Windows），则在导入嵌入视频时支持如表6-4所示的视频文件格式。

表6-4　支持的视频文件格式

文件类型	扩展名
音频视频	.avi
运动图像专家组	.mpg、.mpeg
Windows Media	.wmv、.asf

实例47　嵌入视频——动画中视频的应用

实例　目的

本实例主要介绍视频在Flash动画中的应用，通过向Flash动画中导入视频并嵌入到时间轴上播放，制作出一个动态十足的开场动画效果。本实例要求读者掌握如何嵌入视频，如图6-133所示为此类动画的流程图。

图6-133　操作流程图

实例 重点

★ 掌握导入视频的方法
★ 了解嵌入视频的要求

★ 掌握如何在SWF时间轴中嵌入视频
★ 掌握传统补间动画的制作

实例 步骤

STEP 1 执行"文件>新建"命令，弹出"新建文档"对话框，设置如图6-134所示，单击"确定"按钮，新建文档。在第5帧按F6键插入关键帧，执行"文件>导入>导入视频"命令，弹出"导入视频"对话框，选择需要导入的视频，设置如图6-135所示。

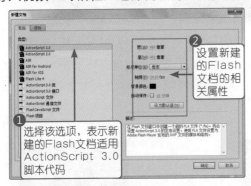

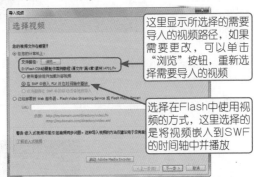

◀ 图6-134 "新建文档"对话框

◀ 图6-135 导入视频

提示

当用户嵌入视频时，所有视频文件数据都将添加到Flash文件中，这将导致Flash文件及随后生成的SWF文件比较大。视频被放置在时间轴中，方便查看在时间帧中显示的单独视频帧。由于每个视频帧都由时间轴中的一个帧表示，因此视频剪辑和SWF文件的帧速率必须设置为相同的速率。如果对SWF文件和嵌入的视频剪辑使用不同的帧速率，视频回放将不一致。

STEP 2 单击"下一步"按钮，切换到"嵌入"选项设置，这里使用默认设置，如图6-136所示。单击"下一步"按钮，切换到"完成视频导入"选项设置，显示导入视频的相关内容，如图6-137所示。

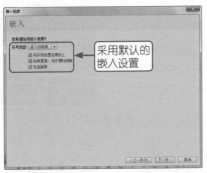

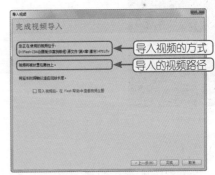

◀ 图6-136 "嵌入"界面

◀ 图6-137 "完成视频导入"界面

提示

对于回放时间少于10秒的较小视频剪辑，嵌入视频的效果最好。如果是回放时间较长的视频剪辑，可以考虑使用渐进式下载的视频，或者使用Flash Media Server传送视频流。

STEP 3 单击"完成"按钮，将视频导入到舞台中，并嵌入到时间轴上，如图6-138所示。新建
"图层2"，在第45帧按F6键插入关键帧，导入素材"光盘\源文件\第6章\素材\4701.jpg"，将其
转换成"名称"为"背景"的图形元件，如图6-139所示。

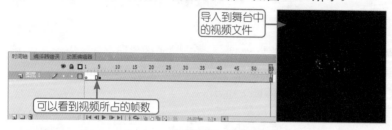

◄ 图6-138　嵌入视频　　　　　　　　　　　　　　　◄ 图6-139　导入素材图像

STEP 4 在第56帧按F6键插入关键帧，选择第45帧上的元件，设置其Alpha值为0%，在第45帧
创建传统补间动画，如图6-140所示。新建"图层3"，在第45帧按F6键插入关键帧，导入素材
"光盘\源文件\第6章\素材\4702.png"，将其转换成"名称"为"羽毛"的图形元件，如图6-141
所示。

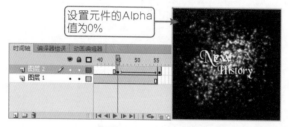　　　

◄ 图6-140　元件效果　　　　　　　　　　　　　　◄ 图6-141　导入素材图像

STEP 5 在第56帧按F6键插入关键帧，选择第45帧上的元件，将其等比例缩小，并设置其Alpha值
为0%，在第45帧创建传统补间动画，如图6-142所示。新建"图层4"，在第56帧按F6键插入关
键帧，导入素材"光盘\源文件\第6章\素材\4703.png"，将其转换成"名称"为"文字"的图形
元件，如图6-143所示。

◄ 图6-142　元件效果　　　　　　　　　　　　　　◄ 图6-143　导入素材图像

提 示

如果在Flash文档中导入的视频或音频文件不支持，则会弹出信息，提示无法完成文件导
入。还有一种情况是可以导入视频但无法导入音频，解决办法是通过其他软件对视频或音
频进行格式修改。

STEP 6 新建"图层5"，在第56帧按F6键插入关键帧，打开"动作"面板，输入脚本代码
stop();，如图6-144所示，"时间轴"面板如图6-145所示。

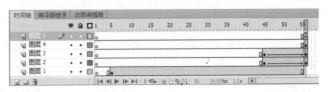

时间轴播放到该帧位置停止播放

stop();

◪ 图6-144 输入脚本代码

◪ 图6-145 "时间轴"面板

STEP 7 完成动画的制作，执行"文件>保存"命令，将动画保存为"光盘\源文件\第6章\实例47.fla"，按快捷键Ctrl+Enter，测试Flash动画效果，如图6-146所示。

◪ 图6-146 测试Flash动画效果

实例48 视频与遮罩的应用——制作网站视频广告

实例 目的

本实例的目的是使读者掌握在Flash中对视频进行遮罩处理的方法。根据Flash动画的表现要求，常常需要使视频显示为不同的形状，在Flash中使用遮罩的方法即可将视频显示为任意的形状。如图6-147所示为制作网站视频广告的流程图。

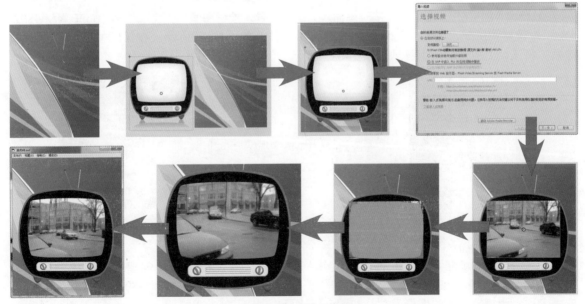

◪ 图6-147 操作流程图

* ✦ 掌握在SWF文件中嵌入视频的方法
* ✦ 掌握对视频进行遮罩处理的方法
* ✦ 理解嵌入视频的选项设置
* ✦ 掌握传统补间动画的制作

STEP 1 执行"文件>新建"命令，弹出"新建文档"对话框，设置如图6-148所示，单击"确定"按钮，新建文档。导入素材图像"光盘\源文件\第6章\素材\4801.jpg"，在第520帧按F5键插入帧，如图6-149所示。

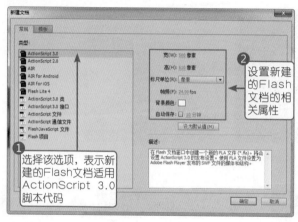

◀ 图6-148 "新建文档"对话框

◀ 图6-149 导入素材

> 提 示
>
> 对于视频的播放帧频，一般是24帧/秒，因此如果动画中存在视频文件，最好将Flash动画的帧频设置为24帧/秒。

STEP 2 新建"图层2"，在第30帧按F6键插入关键帧，导入素材图像"光盘\源文件\第6章\素材\4802.png"，将其转换成"名称"为"天线"的图形元件，如图6-150所示。在第60帧按F6键插入关键帧，将该帧上的元件向上移动，如图6-151所示。

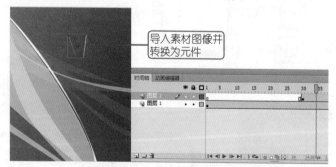

◀ 图6-150 导入素材并转换为元件

◀ 图6-151 向上移动元件

STEP 3 选择第30帧位置上的元件，设置其Alpha值为0%，在第30帧创建传统补间动画，如图6-152所示。新建"图层3"，导入素材图像"光盘\源文件\第6章\素材\4803.png"，将其转换成"名称"为"电视"的图形元件，如图6-153所示。

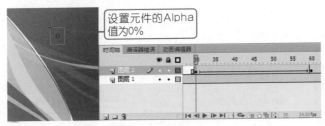

设置元件的Alpha
值为0%

导入素材图
像并转换为
元件

图6-152 元件效果

图6-153 导入素材并转换为元件

STEP 4 在第30帧按F6键插入关键帧，将该帧上的元件向右移动，在第1帧创建传统补间动画，如图6-154所示。新建"图层4"，在第60帧按F6键插入关键帧，执行"文件>导入>导入视频"命令，弹出"导入视频"对话框，选择需要导入的视频，如图6-155所示。

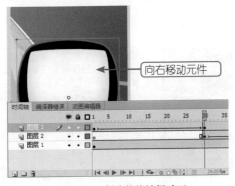

向右移动元件

图6-154 创建传统补间动画

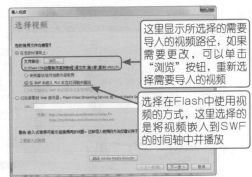

这里显示所选择的需要
导入的视频路径，如果
需要更改，可以单击
"浏览"按钮，重新选
择需要导入的视频

选择在Flash中使用视
频的方式，这里选择的
是将视频嵌入到SWF
的时间轴中并播放

图6-155 "导入视频"对话框

STEP 5 单击"下一步"按钮，切换到"嵌入"选项设置，这里使用默认设置，如图6-156所示。单击"下一步"按钮，切换到"完成视频导入"选项设置，显示导入视频的相关内容，如图6-157所示。

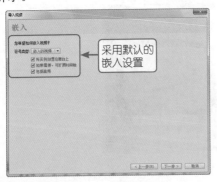

采用默认的
嵌入设置

图6-156 "嵌入"界面

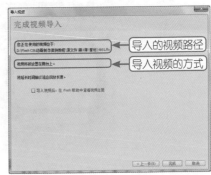

导入的视频路径

导入视频的方式

图6-157 "完成视频导入"界面

> **提示**
>
> 在"符号类型"下拉列表中包含3个选项，分别是"嵌入的视频"、"影片的剪辑"和"图形"。如果选择"嵌入的视频"选项，则直接将视频导入到时间轴上；如果选择"影片剪辑"选项，则将视频置于影片的剪辑实例中，这样可以很好地控制影片的剪辑，视频的时间轴将独立于主时间轴进行播放；如果选择"图形"选项，则将视频置于图形元件中，通常这种方无法将无法使用ActionScript与该视频进行交互。

STEP 6 ▶ 单击"完成"按钮，将视频导入到舞台中，并嵌入到时间轴上，如图6-158所示，"时间轴"面板如图6-159所示。

导入到舞台中的视频文件。视频文件默认都是显示为矩形状

◀ 图6-158　完成视频导入

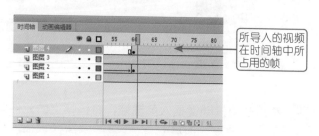

所导入的视频在时间轴中所占用的帧

◀ 图6-159　"时间轴"面板

STEP 7 ▶ 新建"图层5"，在第60帧按F6键插入关键帧，使用绘图工具绘制图形，如图6-160所示。将"图层5"设置为遮罩层，创建遮罩动画，如图6-161所示。

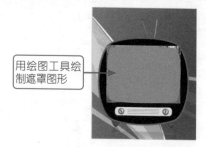

用绘图工具绘制遮罩图形

◀ 图6-160　绘制图形

创建遮罩动画后，视频部分将显示为遮罩图形的形状，遮罩图形以外的视频将会被隐藏

◀ 图6-161　创建遮罩动画

STEP 8 ▶ 完成动画的制作，执行"文件>保存"命令，将动画保存为"光盘\源文件\第6章\实例48.fla"，按快捷键Ctrl+Enter，测试Flash动画效果，如图6-162所示。

◀ 图6-162　测试Flash动画效果

实例49　控制视频——控制视频的播放

实例 ▶ 目的

　　本实例制作一个为视频播放控制的动画，首先制作控制视频的按钮元件，然后将视频导入到场景中，再利用脚本实现对视频的控制。通过本实例的学习，读者需要掌握控制导入到Flash中的视频的方法和技巧。如图6-163所示为控制视频播放的流程图。

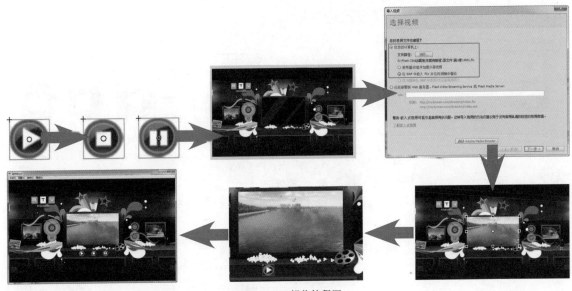

◀ 图6-163　操作流程图

实例　重点

★　掌握按钮元件的创建

★　掌握使用基础代码对时间轴播放进行控制

★　掌握将视频嵌入时间轴的方法

实例　步骤

STEP 1 执行"文件>新建"命令，弹出"新建文档"对话框，设置如图6-164所示，单击"确定"按钮，新建文档。执行"插入>新建元件"命令，弹出"创建新元件"对话框，设置如图6-165所示。

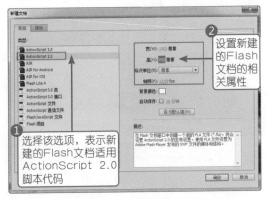

◀ 图6-164　"新建文档"对话框

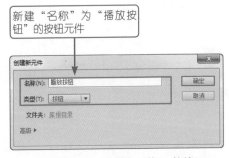

◀ 图6-165　"创建新元件"对话框

STEP 2 导入素材图像"光盘\源文件\第6章\素材\4902.png"，将该素材图像转换成"名称"为"播放"的图形元件，如图6-166所示。分别在"指针经过"、"按下"和"点击"帧按F6键插入关键帧，选择"指针经过"帧上的元件，设置其"亮度"为20%，如图6-167所示。

STEP 3 选择"按下"帧上的元件，使用"任意变形工具"将其等比例缩小一些，如图6-168所示。根据"播放按钮"元件的制作方法，制作出"暂停按钮"和"停止按钮"元件，如图6-169所示。

◁ 图6-166　导入素材图像 | ◁ 图6-167　设置元件亮度 | ◁ 图6-168　缩小元件 | ◁ 图6-169　制作其他元件

STEP 4 返回"场景1"编辑状态，导入素材图像"光盘\源文件\第6章\素材\4901.jpg"，如图6-170所示。新建"图层2"，选择"文件>导入>导入视频"命令，弹出"导入视频"对话框，设置如图6-171所示。

◁ 图6-170　导入素材

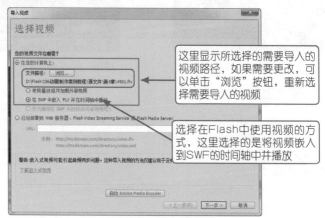

◁ 图6-171　"导入视频"对话框

STEP 5 单击"下一步"按钮，进入嵌入窗口，从中可以选择将视频嵌入到SWF文件的元件类型，如图6-172所示。单击"下一步"按钮，弹出完成视频导入窗口，如图6-173所示。

◁ 图6-172　"嵌入"界面

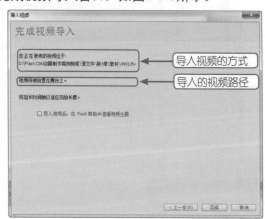

◁ 图6-173　"完成视频导入"界面

STEP 6 单击"完成"按钮，即可完成视频的导入，使用"任意变形工具"调整视频的大小，并移动到相应的位置，如图6-174所示，"时间轴"面板如图6-175所示。

在舞台中导入视频文件，可以使用"任意变形工具"对视频的大小进行调整

图6-174　导入视频

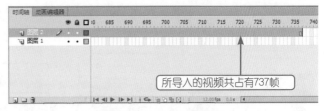

所导入的视频共占有737帧

图6-175　"时间轴"面板

STEP 7　在"图层1"的第737帧按F5键插入帧，如图6-176所示。新建"图层3"，使用"矩形工具"，设置"笔触颜色"为无，"颜色填充"为黑色，在舞台中绘制矩形，如图6-177所示。

将背景图像延续到737帧，使背景图像与视频的时长相等

图6-176　"时间轴"面板

绘制矩形，通过该矩形控制视频的显示区域

图6-177　绘制矩形

STEP 8　在"图层3"上单击鼠标右键，在弹出的菜单中选择"遮罩层"命令，"时间轴"面板如图6-178所示，舞台中的视频效果如图6-179所示。

创建遮罩图层，通过遮罩的方式控制视频的显示区域

图6-178　"时间轴"面板

图6-179　绘制矩形

STEP 9　新建"图层4"，将"播放元件"从"库"面板中拖入到舞台中，如图6-180所示。选中"播放按钮"元件，按F9键打开"动作"面板，输入脚本代码，如图6-181所示。

STEP10　新建"图层5"，将"停止按钮"元件从"库"面板中拖入到舞台中，如图6-182所示。选中"停止按钮"元件，按F9键打开"动作"面板，输入脚本代码，如图6-183所示。

拖入元件并调整到合适的位置

图6-180　拖入元件

单击该按钮，播放时间轴，因为将视频嵌入在时间轴中，所以就会播放视频

```
on (release) {
Play();
}
```

图6-181　输入脚本代码

拖入元件并调整到合适的位置

图6-182　拖入元件

单击该按钮，在时间轴的当前帧停止播放

```
on (release) {
gotoAndStop(1);
}
```

图6-183　输入脚本代码

STEP11　新建"图层6"，将"暂停按钮"元件从"库"面板中拖入场景中，如图6-184所示。选中"暂停按钮"元件，按F9键打开"动作"面板，输入脚本代码，如图6-185所示。

STEP12　新建"图层7"，按F9键打开"动作"面板，输入脚本代码，如图6-186所示。执行"文件>保存"命令，将动画保存为"光盘\源文件\第6章\实例49.fla"，按快捷键Ctrl+Enter，测试Flash动画效果，如图6-187所示。

单击该按钮，跳转到时间轴第1帧并停止播放时间轴

播放到该帧停止播放时间轴

图6-184　拖入元件　　图6-185　输入脚本代码　　图6-186　输入脚本代码　　图6-187　测试Flash动画效果

知识 拓展

在Flash文档中导入视频时，并不是每个视频都适合Flash文档的要求，这就需要将导入的视频文件进行相应的设置或更改，从而使视频更符合Flash文档的要求。

可以通过在视频文件上单击鼠标右键，在弹出的菜单中选择"属性"命令，如图6-188所示。或者双击"库"面板中视频文件前的图标，弹出"视频属性"对话框，如图6-189所示。

图6-188　选择"属性"命令　　　　图6-189　"视频属性"对话框

★ 元件：可以在该选项的文本框中更改视频剪辑的名称。

★ 源：该选项是用于查看导入的视频剪辑的相关信息，包括视频剪辑的类型、名称、路径、创建日期、像素、长度和文件大小。

★ 导入：单击该按钮，可以使用FLV或F4V文件替换视频。

★ 更新：单击该按钮，可以对已经在外部编辑器中修改过的视频剪辑进行更新。

★ 导出：单击该按钮，弹出"导出FLV"对话框，在该对话框中选择好文件的保存位置，并为其进行命名，然后单击"保存"按钮，即可将当前选定的视频剪辑导出为FLV文件。

第7章

Flash CS6

| ActionScript 2.0脚本应用

ActionScript 2.0脚本语言的编写方式非常成熟，在ActionScript 2.0脚本语言中引入了面向对象的编程方式，具有变量的类型检测和新的class类语法。到目前为止，ActionScript 2.0脚本语言依然在Flash动画制作中广泛运用。本章将向读者介绍ActionScript 2.0脚本在Flash动画中的应用。

| 本章重点

- ▷ 制作模糊动画效果

- ▷ 制作汽车广告动画

- ▷ 制作游戏网站导航菜单

- ▷ 制作跟随鼠标的星星

- ▷ 复制元件制作下雪动画

- ▷ 实现放大镜效果

实例50　使用Filters属性——制作模糊动画效果 　🔍

实例 ▶ 目的 🖾

　　本实例是制作一个模糊的动画效果，首先为相应的元件设置不同的"实例名称"，通过ActionScript 2.0脚本代码中的Filters函数来实现元件的模糊效果，读者在本实例的制作过程中注意学习使用Filters函数实现元件模糊效果的方法。如图7-1所示为制作模糊动画效果的流程图。

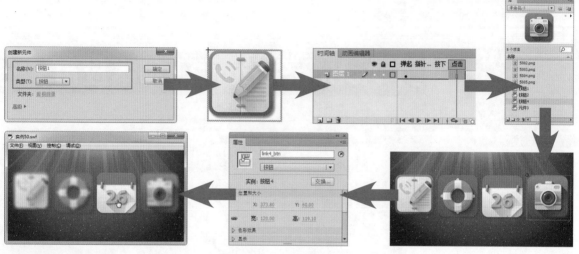

图7-1　操作流程图

实例 ▶ 重点 🖾

　　✦ 掌握设置元件实例名称的方法　　　　✦ 掌握Filters函数的使用方法
　　✦ 掌握ActionScript 2.0脚本的编写

实例 ▶ 步骤 🖾

STEP 1　执行"文件>新建"命令，弹出"新建文档"对话框，选择ActionScript 2.0选项，对其他选项进行设置，如图7-2所示。单击"确定"按钮，新建Flash文档。执行"插入>新建元件"命令，弹出"创建新元件"对话框，设置如图7-3所示。

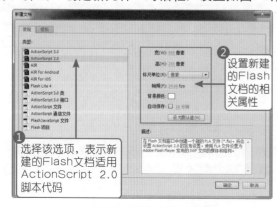

图7-2　"新建文档"对话框

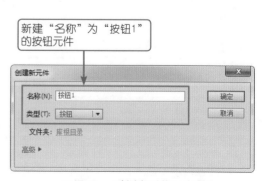

图7-3　"创建新元件"对话框

提示

在"新建文档"对话框中，用户也可以选择ActionScript 2.0选项，则创建一个基于ActionScript 2.0的Flash文档。在ActionScript 2.0文档中，用户可以在关键帧、按钮元件和影片剪辑元件上添加相应的ActionScript脚本代码。

STEP 2 执行"文件>导入>导入到舞台"命令，导入素材图像"光盘\源文件\第7章\素材\5002.png"，如图7-4所示。在"时间轴"面板中单击"点击"帧，按F5键插入帧，如图7-5所示。

STEP 3 使用相同的制作方法，可以制作出其他的按钮元件，如图7-6所示。返回"场景1"编辑状态，执行"文件>导入>导入到舞台"命令，导入素材图像"光盘\源文件\第7章\素材\5001.jpg"，如图7-7所示。

◤ 图7-4 导入素材图像　　◤ 图7-5 "时间轴"面板　　◤ 图7-6 其他按钮元件　　◤ 图7-7 导入素材图像

STEP 4 新建"图层2"，将"按钮1"元件拖入到舞台中，调整到合适的大小和位置，如图7-8所示。选中该元件，在"属性"面板中设置该元件的"实例名称"为link1_btn，如图7-9所示。

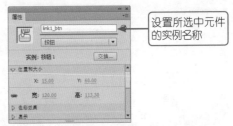

◤ 图7-8 拖入素材　　　　　　　　　　　　◤ 图7-9 设置"实例名称"

STEP 5 使用相同的方法，新建"图层3"至"图层5"，在各图层上分别将"按钮2"至"按钮4"元件拖入，并调整到合适的大小和位置，如图7-10所示。为拖入到舞台中的各元件分别设置"实例名称"为link2_btn、link3_btn和link4_btn，如图7-11所示。

◤ 图7-10 分别拖入素材　　　　　　　　　◤ 图7-11 分别设置"实例名称"

STEP 6 新建“图层6”，按F9键打开“动作”面板，输入相应的ActionScript 2.0脚本代码，如图7-12所示。

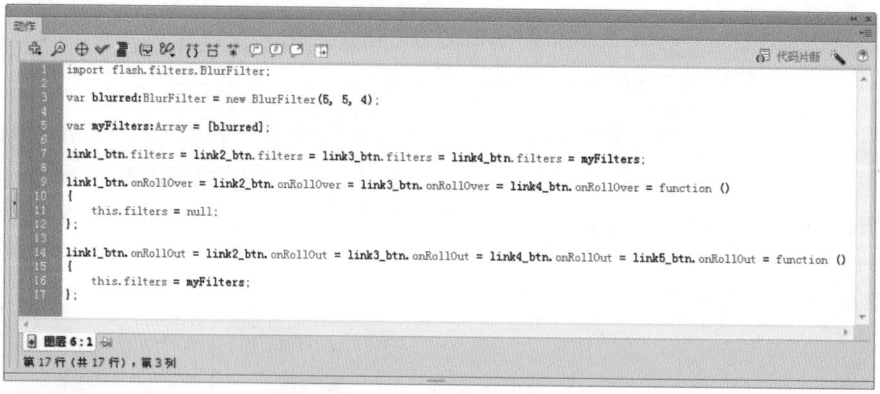
动作
代码片断
import flash.filters.BlurFilter;
var blurred:BlurFilter = new BlurFilter(5, 5, 4);
var myFilters:Array = [blurred];
link1_btn.filters = link2_btn.filters = link3_btn.filters = link4_btn.filters = myFilters;
link1_btn.onRollOver = link2_btn.onRollOver = link3_btn.onRollOver = link4_btn.onRollOver = function ()
{
this.filters = null;
};
link1_btn.onRollOut = link2_btn.onRollOut = link3_btn.onRollOut = link4_btn.onRollOut = link5_btn.onRollOut = function ()
{
this.filters = myFilters;
};
图层 6 : 1
第 17 行（共 17 行），第 3 列

图7-12　输入ActionScript脚本代码

提 示

动作脚本执行的条件是某一事件发生，例如单击按钮、运行到时间轴上某个关键帧，或加载某个影片剪辑都可以当作是一个事件。系统和用户都可以触发事件。系统触发事件指的满足某个特定条件或某个过程执行完毕触发事件，用户通过单击鼠标或按下键盘上的某个键触发事件。事件可以分为两大类：发生在对象实例（如按钮、影片剪辑和其他元件）上的事件和发生在关键帧上的事件。

STEP 7 完成动画的制作，执行“文件>保存”命令，将动画保存为“光盘\源文件\第7章\实例50.fla”，按快捷键Ctrl+Enter，测试动画效果，如图7-13所示。

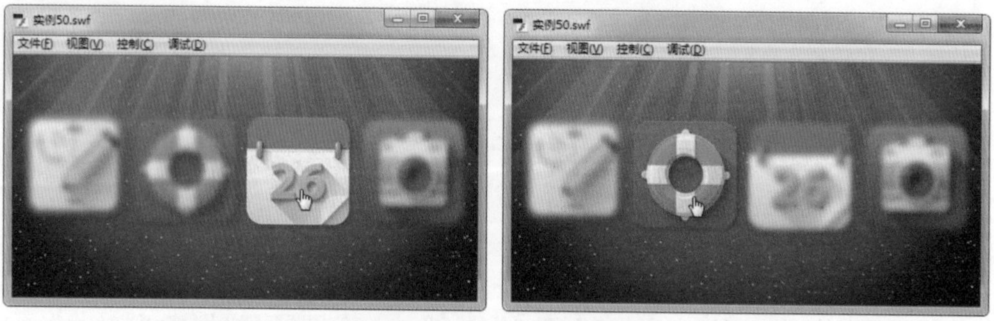
实例50.swf
文件(F) 视图(V) 控制(C) 调试(D)
26
实例50.swf
文件(F) 视图(V) 控制(C) 调试(D)
26

图7-13　测试Flash动画效果

实例51　gotoAndPlay()应用——制作汽车广告动画

实例目的

本实例制作一个汽车宣传广告动画，通过使用gotoAndPlay()脚本可以实现动画的跳转，在本实例中，通过使用gotoAndPlay()脚本实现当鼠标移至某个“按钮”元件上时，跳转到时间轴指定的帧播放动画，当鼠标移开“按钮”元件上时，则跳转到时间轴指定的帧播放动画。如图7-14所示为制作汽车广告动画的流程图。

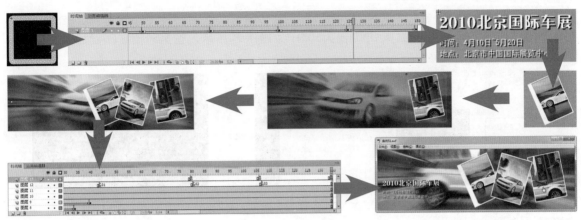

◀ 图7-14　操作流程图

实例　重点

★　掌握设置帧标签名称的方法　　　　★　掌握gotoAndPlay()函数的使用方法

实例　步骤

STEP 1　执行"文件>新建"命令，弹出"新建文档"对话框，选择ActionScript 2.0选项，对其他选项进行设置，如图7-15所示。单击"确定"按钮，新建Flash文档。执行"插入>新建元件"命令，弹出"创建新元件"对话框，设置如图7-16所示。

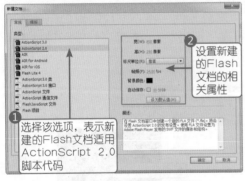

◀ 图7-15　"新建文档"对话框

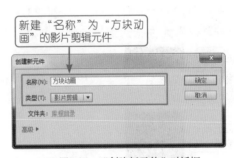

◀ 图7-16　"创建新元件"对话框

STEP 2　使用"矩形工具"，在舞台中绘制一个"填充颜色"为无、"笔触颜色"为白色、"笔触高度"为1的矩形框，如图7-17所示。选中刚绘制的矩形框，按F8键弹出"转换为元件"对话框，设置如图7-18所示。

◀ 图7-17　绘制矩形框

◀ 图7-18　"转换为元件"对话框

STEP 3 选中该元件，设置其Alpha值为0%，如图7-19所示。在第25帧按F6键插入关键帧，将该帧上的元件向下移动，并设置其Alpha值为50%，如图7-20所示。在第50帧按F6键插入关键帧，将该帧上的元件向右移动，如图7-21所示。

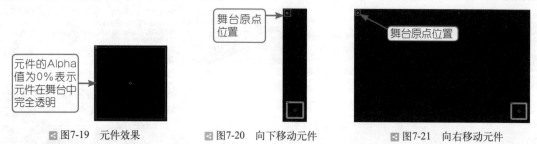

◀ 图7-19 元件效果　　　　　◀ 图7-20 向下移动元件　　　　　◀ 图7-21 向右移动元件

STEP 4 使用相同的制作方法，分别在第75、100、125、150帧按F6键插入关键帧，并分别调整各帧上元件的位置，分别在第1、25、50、75、100、125帧创建传统补间动画，"时间轴"面板如图7-22所示。

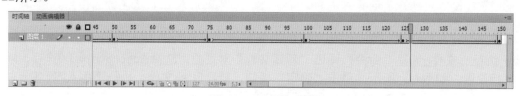

◀ 图7-22 "时间轴"面板

STEP 5 新建"名称"为"方块主体动画"的影片剪辑元件，将"方块动画"元件拖入到舞台中，在第103帧按F5键插入帧，如图7-23所示。新建"图层2"，在第15帧按F6键插入关键帧，将"方块动画"元件拖入到舞台中，并调整其大小，如图7-24所示。

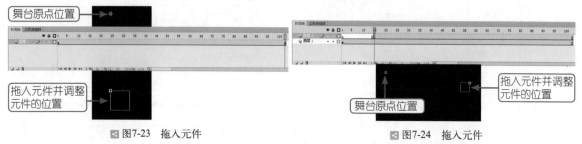

◀ 图7-23 拖入元件　　　　　　　　　　　　◀ 图7-24 拖入元件

STEP 6 使用相同的制作方法，完成"图层3"至"图层6"的制作，新建"图层7"，在第103帧按F6键插入关键帧，打开"动作-帧"面板，输入脚本代码stop();，"时间轴"面板如图7-25所示。

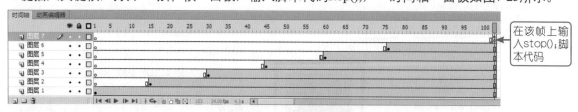

◀ 图7-25 "时间轴"面板

STEP 7 新建"名称"为"文字"的图形元件，在舞台中输入文字，并将文字创建轮廓，如图7-26所示。新建"图层2"，同样在舞台中输入文字，并将文字创建轮廓，如图7-27所示。

输入文字并将文字创建轮廓

可以直接复制"图层1"上所输入的文字，新建"图层2"，执行"编辑>粘贴到当前位置"命令，原位粘贴文字，再修改文字颜色和位置

◢图7-26　输入文字　　　　　　　　　　　　　◢图7-27　输入文字

STEP 8 新建"名称"为"文字动画"的影片剪辑元件，在第5帧按F6键插入关键帧，将"文字"元件拖入到舞台中，如图7-28所示。在第21帧按F6键插入关键帧，选择第5帧上的元件，设置其Alpha值为0%，并将其向右移动，如图7-29所示。

舞台原点位置

设置元件Alpha值并将其向右移动

◢图7-28　拖入元件　　　　　　　　　　　　　◢图7-29　元件效果

STEP 9 在第5帧创建传统补间动画，新建"图层2"，在第21帧按F6键插入关键帧，打开"动作-帧"面板，输入脚本代码stop();，"时间轴"面板如图7-30所示。新建"名称"为"按钮1"的按钮元件，导入素材"光盘\源文件\第7章\素材\5103.png"，在"点击"帧按F5键插入帧，如图7-31所示。

在该帧上输入stop();脚本代码

◢图7-30　"时间轴"面板　　　　　　　　　　　◢图7-31　导入素材

STEP10 使用相同的制作方法，还可以制作出"按钮2"和"按钮3"元件，如图7-32所示。返回"场景1"编辑状态，导入素材"光盘\源文件\第7章\素材\5108.jpg"，将其转换成"名称"为"背景1"的图形元件，如图7-33所示。

导入相应的素材图像，并分别在"点击"帧插入帧

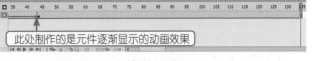

◢图7-32　元件效果　　　　　　　　　　　　　◢图7-33　导入素材并转换为元件

STEP11 在第44帧按F6键插入关键帧，选择第1帧上的元件，设置其Alpha值为0%，如图7-34所示。在第1帧创建传统补间动画，在第135帧按F5键插入帧，如图7-35所示。

此处制作的是元件逐渐显示的动画效果

◢图7-34　元件效果　　　　　　　　　　　　　◢图7-35　"时间轴"面板

STEP12 使用相同的制作方法，可以完成"图层2"至"图层6"上动画效果的制作，场景效果如图7-36所示，"时间轴"面板如图7-37所示。

图7-36 场景效果

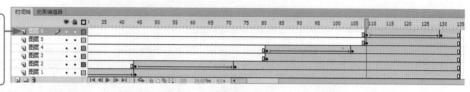

"图层2"至"图层
6"上分别导入相应
的素材图像并转换为
元件，分别制作元件
逐渐显示的动画效果

图7-37 "时间轴"面板

STEP13 新建"图层7"，将"按钮3"元件拖入到舞台中，调整到合适的位置，如图7-38所示。在第28帧按F6键插入关键帧，选择第1帧上的元件，将其等比例放大调整到合适的位置，并进行旋转操作，设置其Alpha值为0%，如图7-39所示，在第1帧创建传统补间动画。

图7-38 拖入元件

图7-39 元件效果

STEP14 选择第28帧上的元件，打开"动作-按钮"面板，输入相应的脚本代码，如图7-40所示。使用相同的制作方法，可以完成"图层8"至"图层11"上动画效果的制作，场景效果如图7-41所示。

此处是将ActionScript
脚本添加到影片剪辑元
件上

图7-40 输入ActionScript脚本

图7-41 场景效果

STEP15 新建"图层12"，在第44帧按F6键插入关键帧，在"属性"面板中设置其帧标签为01，如图7-42所示，"时间轴"面板如图7-43所示。

图7-42 设置帧标签名称

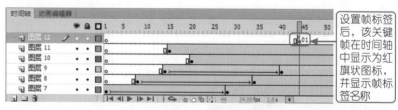

图7-43 "时间轴"面板

STEP16 使用相同的方法，分别在第81帧和第108帧按F6键插入关键帧，分别设置第81帧和第108帧的帧标签名称为02和03，如图7-44所示。

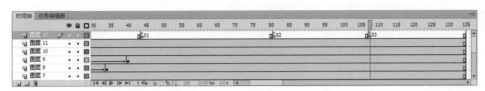

图7-44 "时间轴"面板

STEP17 新建"图层13"，分别在第80、107和135帧按F6键插入关键帧，分别在第这3个关键帧上添加脚本代码stop();，如图7-45所示。

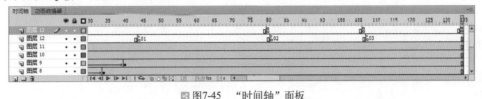

图7-45 "时间轴"面板

STEP18 完成动画的制作，执行"文件>保存"命令，将动画保存为"光盘\源文件\第7章\实例51.fla"，按快捷键Ctrl+Enter，测试动画效果，如图7-46所示。

图7-46 测试Flash动画效果

实例52 getURL（）应用——制作游戏网站导航菜单

实例 目的

在Flash动画中常常会有许多元素需要设置链接地址，最常见的是导航菜单和按钮，在Flash动画中设置链接地址主要是通过ActionScript脚本中的getURL()函数来实现的，本实例所制作的游戏网站导航菜单就是通过getURL()函数为元件添加超链接。如图7-47所示为制作游戏网站导航菜单的流程图。

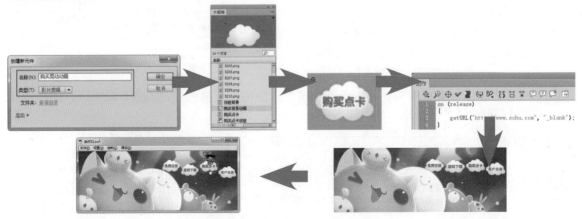

图7-47 操作流程图

实例 重点

★ 掌握打开外部库文件的方法 ★ 掌握外部库文件的使用
★ 掌握getURL()函数的使用

实例 步骤

STEP 1 执行"文件>新建"命令，弹出"新建文档"对话框，选择ActionScript 2.0选项，对其他选项进行设置，如图7-48所示。单击"确定"按钮，新建Flash文档。执行"插入>新建元件"命令，弹出"创建新元件"对话框，设置如图7-49所示。

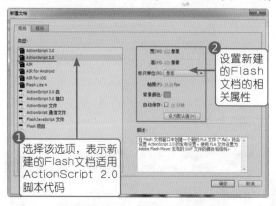

图7-48 "新建文档"对话框　　　　　　　　　　　　　图7-49 "创建新元件"对话框

STEP 2 执行"文件>导入>打开外部库"命令，弹出"作为库打开"对话框，选择外部库文件"光盘\源文件\第7章\素材\实例52-素材.fla"，如图7-50所示。单击"打开"按钮，在"外部库"面板中显示所打开外部库文件中的元件，如图7-51所示。

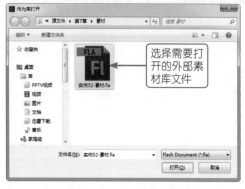

图7-50 选择外部库文件　　　　　　　　　　　　　图7-51 "外部库"面板

STEP 3 在"外部库"面板中将"购买点卡按钮"元件拖入到舞台中，如图7-52所示。选中该元件，按F9键打开"动作"面板，输入脚本代码，如图7-53所示。

图7-52 拖入元件　　　　图7-53 添加ActionScript脚本代码

> **提示**
>
> getURL()函数的使用形式是getURL(url[,window[,varPass Method]]);，位于方括号[]中的参数表示可为可选参数。

STEP 4 在第50帧按F6键插入关键帧，将该帧上的元件向上移动，如图7-54所示。在第150帧按F6键插入关键帧，将该帧上的元件向下移动，如图7-55所示。在第200帧按F6键插入关键帧，将该帧上的元件向上移动，如图7-56所示。

◀ 图7-54　移动元件

◀ 图7-55　移动元件

◀ 图7-56　移动元件

STEP 5 分别在第1帧、第50帧和第150帧创建传统补间动画，"时间轴"面板如图7-57所示。

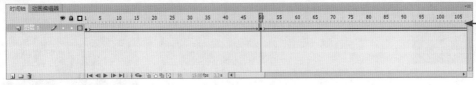

◀ 图7-57　"时间轴"面板

STEP 6 使用相同的制作方法，可以制作出"免费晃动动画"、"游戏晃动动画"和"账户晃动动画"3个影片剪辑元件，如图7-58所示。返回"场景1"编辑状态，执行"文件>导入>导入到舞台"命令，导入素材图像"光盘\源文件\第7章\素材\5201.jpg"，如图7-59所示。

◀ 图7-58　元件效果

◀ 图7-59　导入素材

STEP 7 新建"图层2"，在"库"面板中将"免费晃动动画"元件拖入到舞台中，调整到合适的位置，如图7-60所示。使用相同的制作方法，将其他相应的元件拖入到舞台中并分别调整到合适的位置，如图7-61所示。

◀ 图7-60　拖入元件

◀ 图7-61　拖入元件

STEP 8 完成动画的制作，执行"文件>保存"命令，将动画保存为"光盘\源文件\第7章\实例52.fla"，按快捷键Ctrl+Enter，测试动画效果，如图7-62所示。

◀ 图7-62　测试Flash动画效果

实例53 random()应用——制作跟随鼠标的星星

实例 目的

本实例主要向读者讲述了如何更好地利用影片剪辑和按钮配合脚本语言实现各种动画效果，首先利用基本的动画效果完成动画的制作，然后为相应的影片剪辑或按钮添加相应的实例名称和脚本语言。如图7-63所示为制作跟随鼠标的星星的流程图。

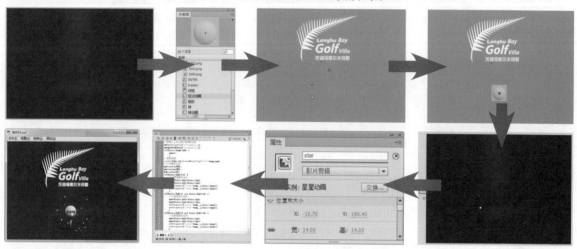

图7-63 操作流程图

实例 重点

✦ 掌握打开和使用外部库文件的方法   ✦ 掌握设置元件实例名称的方法

✦ 掌握random()函数的使用

实例 步骤

STEP 1 执行"文件>新建"命令，弹出"新建文档"对话框，选择ActionScript 2.0选项，对其他选项进行设置，如图7-64所示。单击"确定"按钮，新建Flash文档。执行"文件>导入>导入到舞台"命令，导入素材图像"光盘\源文件\第7章\素材\5301.png"，在第10帧按F5键插入帧，如图7-65所示。

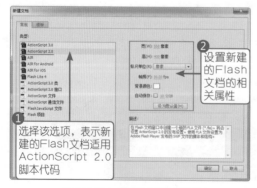

图7-64 "新建文档"对话框

图7-65 导入素材

STEP 2 执行 "文件>导入>打开外部库" 命令，打开外部库文件 "光盘\源文件\第7章\素材\实例53-素材.fla"，如图7-66所示。新建 "图层2"，在 "外部库" 面板中将 "羽毛动画" 元件拖入到场景中，调整到合适的位置，如图7-67所示。

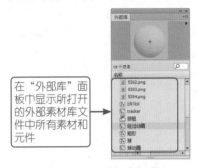

在 "外部库" 面板中显示所打开的外部素材库文件中所有素材和元件

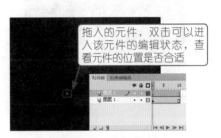

拖入的元件，双击可以进入该元件的编辑状态，查看元件的位置是否合适

◁ 图7-66 "外部库" 面板

◁ 图7-67 拖入元件

STEP 3 双击舞台中的 "羽毛动画" 元件，进入该元件的编辑状态，选择 "图层6" 第52帧上的元件，如图7-68所示。双击进入该元件的编辑状态，选择 "图层1" 第15帧上的元件，如图7-69所示。

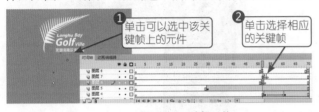

① 单击可以选中该关键帧上的元件
② 单击选择相应的关键帧

① 单击选择相应的关键帧
② 单击可以选中该关键帧上的元件

◁ 图7-68 选择元件

◁ 图7-69 选择元件

STEP 4 双击进入该元件的编辑状态，选择 "图层3" 第1帧上的元件，如图7-70所示。按F9键打开 "动作" 面板，输入ActionScript脚本代码，如图7-71所示。

① 单击选择相应的关键帧
② 单击可以选中该关键帧上的元件

◁ 图7-70 选择元件

◁ 图7-71 输入ActionScript脚本

> **提示**
>
> ActionScript 2.0点语法是从Flash 5引入的，点语法使ActionScript看上去类似于JavaScript。点号的左侧可以是影片中的对象、实例或时间轴，点号的右侧是与左侧元素相关的属性、变量、函数等。

STEP 5 返回到 "跳动动画" 元件的编辑状态，选择 "图层3" 第14帧上的元件，如图7-72所示。按F9键打开 "动作" 面板，输入ActionScript脚本代码，如图7-73所示。

① 单击可以选中该关键帧上的元件
② 单击选择相应的关键帧

◁ 图7-72 选择元件

◁ 图7-73 输入ActionScript脚本

STEP 6 返回到"场景1"的编辑状态，新建"图层3"，从"外部库"面板中将tracker元件拖入到场景中，并调整到合适的位置，如图7-74所示。选中该元件，在"属性"面板中设置其"实例名称"为tracker，如图7-75所示。

图7-74 拖入元件　　　　　　　　　　　　　图7-75 设置实例名称

STEP 7 选择"图层3"第1帧，按F9键打开"动作"面板，输入ActionScript脚本代码，如图7-76所示。新建"图层4"，从"外部库"面板中将"星星动画"元件拖入到场景中，并调整到合适的位置，如图7-77所示。

图7-76 输入ActionScript脚本　　　　　　　　图7-77 拖入元件

STEP 8 选中刚拖入的元件，在"属性"面板中设置其"实例名称"为star，如图7-78所示。新建"名称"为"脚本语言"的影片剪辑元件，选择第1帧，按F9键打开"动作"面板，输入ActionScript脚本代码，如图7-79所示。

STEP 9 在第2帧按F6键插入关键帧，打开"动作"面板，输入ActionScript脚本代码，如图7-80所示。在第3帧按F6键插入关键帧，打开"动作"面板，输入ActionScript脚本代码，如图7-81所示。

图7-78 设置实例名称　图7-79 输入ActionScript　图7-80 输入ActionScript脚本　图7-81 输入ActionScript
　　　　　　　　　　　脚本　　　　　　　　　　　　　　　　　　　　　　　　脚本

提示

random()函数在Flash中非常有用，可以生成基本的随机数，创建随机的移动以及随机的颜色等特效时，都需要用到random()函数。

STEP 10 返回"场景1"编辑状态，新建"图层5"，将"脚本语言"元件从"库"面板中拖入到场景中，如图7-82所示。新建"图层6"，在第10帧按F6键插入关键帧，打开"动作"面板，输入脚本代码stop();，"时间轴"面板如图7-83所示。

STEP 11 完成动画的制作，执行"文件>保存"命令，将动画保存为"光盘\源文件\第7章\实例53.fla"，按快捷键Ctrl+Enter，测试动画效果，如图7-84所示。

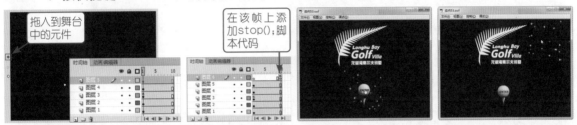

图7-82 拖入元件　　图7-83 "时间轴"面板　　图7-84 测试Flash动画效果

实例54 uplicateMovieClip()应用——复制元件制作下雪动画

实例 目的

本实例制作的是一个场景动画，皑皑白雪，深蓝色的天空，体现出冬季夜空的宁静，再制作一些飘舞的雪花来衬托，显得格外美丽。在雪花飘落动画的制作上，可以通过传统的补间动画来实现，但是非常麻烦，在本实例的制作中，只制作出一个雪花飘落的动画效果，通过ActionScript脚本代码对该影片剪辑元件的复制，实现纷纷扬扬的下雪效果。如图7-85所示为制作下雪动画的流程图。

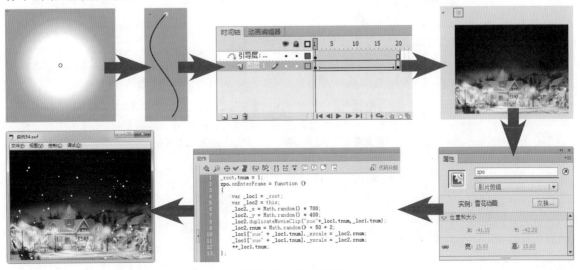

图7-85 操作流程图

实例 重点

* 掌握引导层动画的制作方法
* 掌握设置元件实例名称的方法
* 掌握duplicateMovieClip()函数的使用

实例 步骤

STEP 1 执行"文件>新建"命令，弹出"新建文档"对话框，选择ActionScript 2.0选项，对其他选项进行设置，如图7-86所示。单击"确定"按钮，新建Flash文档。执行"插入>新建元件"命令，弹出"创建新元件"对话框，设置如图7-87所示。

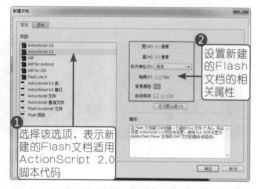

图7-86　"新建文档"对话框　　　　图7-87　"创建新元件"对话框

STEP 2 使用"椭圆工具"，在"颜色"面板中设置"填充颜色"为从白色到白色透明的径向渐变，"笔触颜色"为无，在舞台中绘制正圆形，如图7-88所示。执行"插入>新建元件"命令，弹出"创建新元件"对话框，设置如图7-89所示。

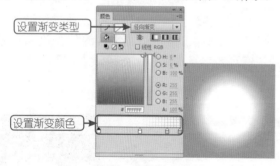
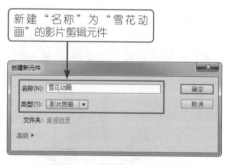

图7-88　绘制正圆形　　　　图7-89　"创建新元件"对话框

STEP 3 将"雪花"元件从"库"面板拖入到舞台中，在第20帧按F5键插入帧，如图7-90所示。为"图层1"添加传统运动引导层，使用"钢笔工具"在舞台中绘制一条曲线，如图7-91所示。

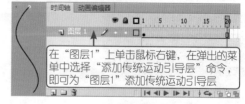

图7-90　拖入元件　　　　图7-91　绘制曲线

STEP 4 选择"图层1"第1帧上的元件，将其中心点与路径端点相重合，如图7-92所示。在第20

帧按F6键插入关键帧，调整该帧上元件到另一端点上，如图7-93所示。在第1帧创建传统补间动画，如图7-94所示。

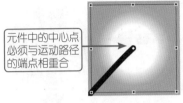

元件中的中心点必须与运动路径的端点相重合

元件中的中心点与运动路径的另一端端点相重合

图7-92 调整元件　　　　　图7-93 调整元件　　　　　图7-94 "时间轴"面板

STEP 5 返回"场景1"编辑状态，执行"文件>导入>导入到舞台"命令，导入素材图像"光盘\源文件\第7章\素材\5401.jpg"，如图7-95所示。新建"图层2"，将"雪花动画"元件从"库"面板拖入到舞台中，并调整到合适的位置，如图7-96所示。

STEP 6 选中刚拖入的元件，在"属性"面板中设置其"实例名称"为zpo，如图7-97所示。新建"图层3"，按F9键打开"动作"面板，输入ActionScript脚本代码，如图7-98所示。

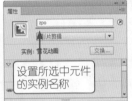

拖入到舞台中的元件

设置所选中元件的实例名称

图7-95 导入素材　　　图7-96 拖入元件　　　图7-97 设置实例名称　　　图7-98 输入ActionScript脚本代码

> **提示**
>
> 将元件拖入场景中，为元件设置实例名称，添加ActionScript脚本代码，在代码中首先取得随机生成雪花的范围，然后使用duplicateMovieClip()函数复制元件，生成多个雪花的效果。

STEP 7 完成动画的制作，执行"文件>保存"命令，将动画保存为"光盘\源文件\第7章\实例54.fla"，按快捷键Ctrl+Enter，测试动画效果，如图7-99所示。

图7-99 测试Flash动画效果

实例55 _x和_y属性应用——实现放大镜效果

实例 目的

本实例制作一个放大镜的效果，在本实例的制作过程中，主要是通过遮罩动画与ActionScript

脚本代码来实现放大镜的动画效果。如图7-100所示为制作放大镜动画效果的流程图。

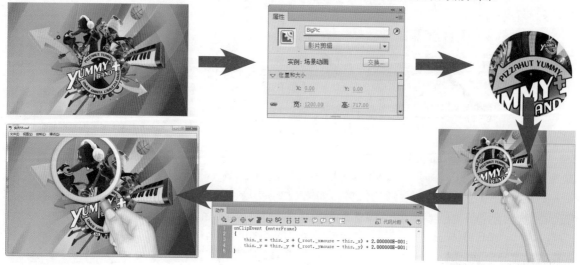

◀ 图7-100　操作流程图

实例 ▶ 重点

　❋　设置元件实例名称　　　❋　创建遮罩动画　　　❋　掌握_x和_y属性的使用

实例 ▶ 步骤

STEP 1 执行"文件>新建"命令，弹出"新建文档"对话框，选择ActionScript 2.0选项，对其他选项进行设置，如图7-101所示。单击"确定"按钮，新建Flash文档。执行"插入>新建元件"命令，弹出"创建新元件"对话框，设置如图7-102所示。

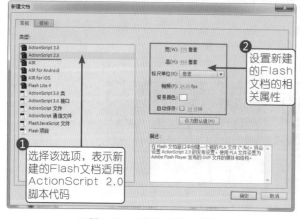

◀ 图7-101　"新建文档"对话框

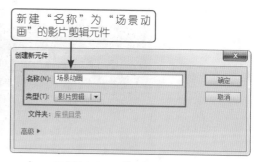

◀ 图7-102　"创建新元件"对话框

STEP 2 执行"文件>导入>导入到舞台"命令，导入素材图像"光盘\源文件\第7章\素材\5501.jpg"，如图7-103所示。执行"插入>新建元件"命令，弹出"创建新元件"对话框，设置如图7-104所示。

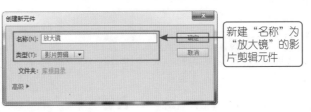

图7-103　导入素材图像　　　　　　　　图7-104　"创建新元件"对话框

STEP 3 从"库"面板中将"场景动画"元件拖入到舞台中，如图7-105所示。选中该元件，在"属性"面板中设置其"实例名称"为BigPic，如图7-106所示。

设置所选中元件的实例名称

提示

实例名称的主要作用是方便脚本对元件的调用。实例名称不可以是数字或特殊符号，也不能是以数字和特殊符号开头的字母组合。

图7-105　拖入元件　　　　　　　　图7-106　设置实例名称

STEP 4 新建"图层2"，使用"椭圆工具"，设置"笔触颜色"为无，"填充颜色"为任意颜色，在舞台中绘制一个正圆形，如图7-107所示。将"图层2"设置为遮罩层，创建遮罩动画，如图7-108所示。

使用"椭圆工具"，按住Shift键在舞台中拖动鼠标即可绘制正圆形

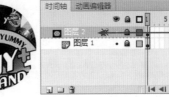

在"图层2"上单击鼠标右键，在弹出的菜单中选择"遮罩层"命令，即可将"图层2"设置为"图层1"的遮罩层

图7-107　绘制正圆形　　　　　　　　图7-108　创建遮罩动画

STEP 5 新建"图层3"，导入素材图像"光盘\源文件\第7章\素材\5502.png"，如图7-109所示。执行"修改>转换为元件"命令，将其转换成"名称"为"手"的图形元件，如图7-110所示。

导入素材图像并调整至合适的位置，使放大镜正好与遮罩的图形相重合

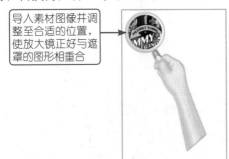

新建"名称"为"手"的图形元件

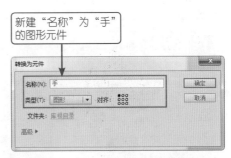

图7-109　导入素材　　　　　　　　图7-110　"转换为元件"对话框

STEP 6 新建"图层4"，按F9键打开"动作"面板，输入ActionScript脚本代码，如图7-111所示。返回"场景1"编辑状态，在"库"面板中将5501.jpg图像拖入到舞台中，并调整图像与舞台大小相同，如图7-112所示。

```
动作
  stop ();
  this.onEnterFrame = function ()
  {
      this.BigPic._x = (385 - this._x) * 1.500000E+000;
      this.BigPic._y = (230 - this._y) * 1.500000E+000;
  };
```

拖入素材图像，并将素材图像大小调整至与舞台大小相同

◀ 图7-111 输入ActionScript脚本代码　　◀ 图7-112 拖入图像素材

STEP 7 新建"图层2"，从"库"面板中将"放大镜"元件拖入到舞台中，并调整到合适的位置，如图7-113所示。选中刚拖入到舞台中的元件，在"属性"面板中设置其"实例名称"为magnify，如图7-114所示。

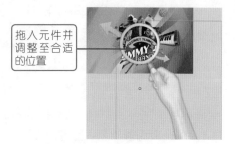

拖入元件并调整至合适的位置

设置所选中元件的实例名称

◀ 图7-113 拖入元件　　◀ 图7-114 设置实例名称

STEP 8 选中舞台中的"放大镜"元件，按F9键打开"动作"面板，输入ActionScript脚本代码，如图7-115所示，"时间轴"面板如图7-116所示。

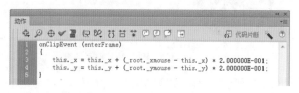

```
动作
  onClipEvent (enterFrame)
  {
      this._x = this._x + (_root._xmouse - this._x) * 2.000000E-001;
      this._y = this._y + (_root._ymouse - this._y) * 2.000000E-001;
  }
```

◀ 图7-115 输入ActionScript脚本代码　　◀ 图7-116 "时间轴"面板

STEP 9 完成动画的制作，执行"文件>保存"命令，将动画保存为"光盘\源文件\第7章\实例55.fla"，按快捷键Ctrl+Enter，测试动画效果，如图7-117所示。

◀ 图7-117 测试Flash动画效果

第8章

Flash CS6

| ActionScript 3.0脚本应用

在设计Flash动画作品时，合理地运用ActionScript 3.0的相关知识，可以实现更美好、更具丰富视觉效果的动画作品。另外，还可以实现与用户的交互，这是实现强大动画的先决条件。本章将向读者介绍如何在Flash动画中应用ActionScript 3.0脚本实现各种特效。

| 本章重点

- 调用外部SWF文件
- 制作图片浏览动画效果
- 制作多重选择菜单
- 使用按钮控制元件大小
- 制作鼠标跟随动画
- 制作遮罩动画

实例56　使用Loader类——调用外部SWF文件

实例 目的

在动画制作的过程中，常常需要把一个动画载入到另外一个动画中，这样既方便动画的制作和修改，又能够保证动画在网站中的顺利浏览。例如一些网站的开场动画、产品介绍动画和游戏等。如图8-1所示为调用外部SWF文件的流程图。

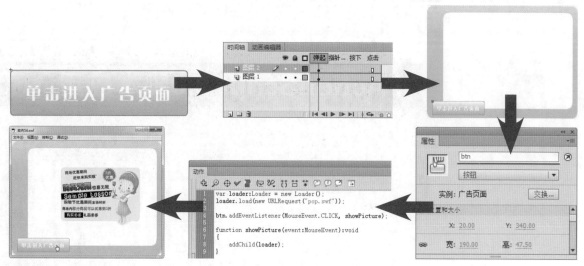

◀ 图8-1　操作流程图

实例 重点

★ 理解按钮元件的状态
★ 掌握元件实例名称的设置
★ 掌握Loader类的使用方法

实例 步骤

STEP 1　执行"文件>新建"命令，弹出"新建文档"对话框，选择ActionScript 3.0选项，对其他选项进行设置，如图8-2所示。单击"确定"按钮，新建Flash文档。执行"插入>新建元件"命令，弹出"创建新元件"对话框，设置如图8-3所示。

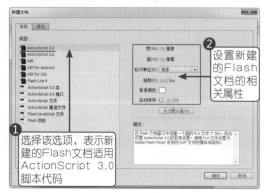

◀ 图8-2　"新建文档"对话框

◀ 图8-3　"创建新元件"对话框

STEP 2 使用"矩形工具"，设置"笔触颜色"为#009900，"填充颜色"为线性渐变，"矩形边角半径"为5，在画布中绘制圆角矩形，如图8-4所示。在"点击"帧位置按F5键插入帧，如图8-5所示。

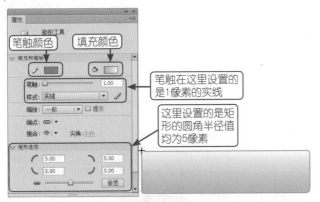

图8-4 绘制圆角矩形

图8-5 "时间轴"面板

STEP 3 新建"图层2"，使用"文本工具"在画布中输入文字，并将文字创建轮廓，如图8-6所示，"时间轴"面板如图8-7所示。

STEP 4 返回"场景1"编辑状态，执行"文件>导入>导入到舞台"命令，导入素材图像"光盘源文件\第8章\素材\5601.png"，调整到合适的大小，如图8-8所示。从"库"面板中将"广告页面"元件拖入到舞台中，调整到合适的位置和大小，如图8-9所示。

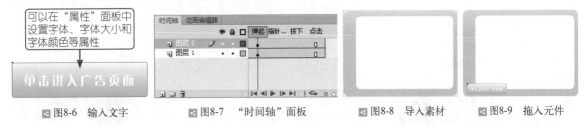

图8-6 输入文字　　图8-7 "时间轴"面板　　图8-8 导入素材　　图8-9 拖入元件

STEP 5 选中刚拖入的元件，在"属性"面板中设置其"实例名称"为btn，如图8-10所示。新建"图层2"，选择第1帧，按F9键打开"动作"面板，输入ActionScript脚本语言，如图8-11所示。

图8-10 设置实例名称

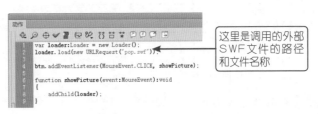

图8-11 输入ActionScript脚本代码

提 示

ActionScript 3.0中的Loader 类可用于加载 SWF 文件或图像（JPG、PNG 或 GIF）文件。 使用load()方法来启动加载。被加载的显示对象将作为Loader对象的子级添加。Loader类会覆盖其继承的以下方法，因为Loader对象只能有一个子显示对象——其加载的显示对象。调用以下方法将引发异常：addChild()、addChildAt()、removeChild()、removeChildAt()和setChildIndex()。要删除被加载的显示对象，必须从其父 DisplayObjectContainer 子级数组中删除Loader对象。

STEP 6 执行"文件>保存"命令，将动画保存为"光盘\源文件\第8章\实例56.fla"。执行"文件>新建"命令，弹出"新建文档"对话框，选择ActionScript 3.0选项，对其他选项进行设置，如图8-12所示。单击"确定"按钮，新建Flash文档。导入素材图像"光盘\源文件\第8章\素材\5602.jpg"，如图8-13所示。

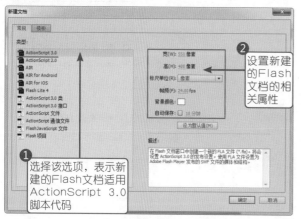

图8-12 "新建文档"对话框　　　　　　　　　　　图8-13 导入素材图像

STEP 7 执行"文件>保存"命令，将动画保存为"光盘\源文件\第8章\pop.fla"，如图8-14所示。按快捷键Ctrl+Enter，测试动画，得到SWF文件，如图8-15所示。

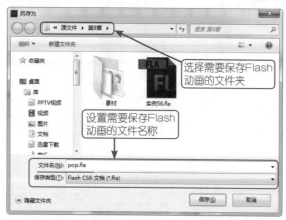

图8-14 "另存为"对话框　　　　　　　　　　　图8-15 得到SWF文件

STEP 8 返回"实例56.fla"文件中，按快捷键Ctrl+Enter，测试动画，效果如图8-16所示。单击动画中的按钮，即可载入外部的SWF文件，如图8-17所示。

图8-16 测试Flash动画

这里显示的是所载入的外部SWF文件中的内容

图8-17 载入SWF文件

实例57 侦听脚本的应用——制作图片浏览动画效果

实例 目的

在制作交互动画时，常常需要一个判断的过程，这个过程也就是侦听的过程。当程序符合了基本要求后，才会执行后面的操作。实际的制作过程中例如动画的播放停止、元件的位置和大小等都可以通过侦听判断后，再继续其他的操作。如图8-18所示为制作图片浏览动画的流程图。

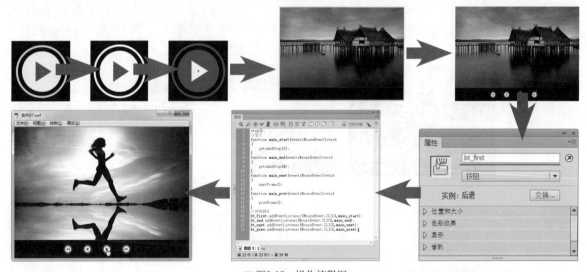

图8-18 操作流程图

实例 重点

⭐ 绘制按钮图标

⭐ 掌握元件实例名称的设置

⭐ 掌握ActionScript 3.0侦听脚本的使用方法

实例 步骤

STEP 1 执行"文件>新建"命令，弹出"新建文档"对话框，选择ActionScript 3.0选项，对其他选项进行设置，如图8-19所示。单击"确定"按钮，新建Flash文档。执行"插入>新建元件"命令，弹出"创建新元件"对话框，设置如图8-20所示。

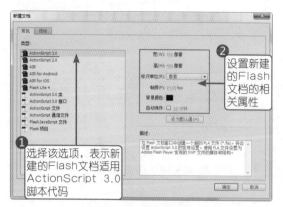

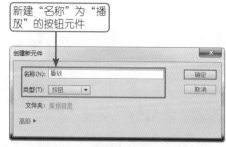

图8-19 "新建文档"对话框　　　图8-20 "创建新元件"对话框

STEP 2 使用"椭圆工具"和"多角星形工具"绘制一个播放按钮，如图8-21所示。使用相同的制作方法，新建"名称"为"后退"的按钮元件，绘制后退按钮，如图8-22所示。

图8-21 绘制播放按钮　　　图8-22 绘制后退按钮

STEP 3 返回"场景1"编辑状态，执行"文件>导入>导入到舞台"命令，将素材图像"光盘\源文件\第8章\素材\5701.jpg"导入到舞台中，如图8-23所示。依次在第2帧至第5帧按F7键插入空白关键帧，并分别在各空白关键帧导入相应的素材图像，如图8-24所示。

图8-23 导入素材图像　　　图8-24 导入其他素材图像

STEP 4 新建"图层2"，依次从"库"面板中将"播放"和"后退"元件拖入到场景中，如图8-25所示。再次将这两个元件拖入到舞台中，并执行"修改>变形>水平翻转"命令，将元件水平翻转，调整到合适的位置，如图8-26所示。

图8-25 拖入元件　　　图8-26 拖入元件

STEP 5 选择后退按钮，在"属性"面板中设置其"实例名称"为bt_first，如图8-27所示。选择第2个按钮，设置其"实例名称"为bt_prev，如图8-28所示。设置第3个按钮的"实例名称"为

bt_next，设置第4个按钮的"实例名称"为bt_end。

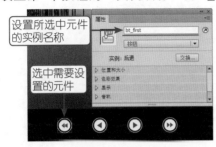

图8-27 设置实例名称　　　　　　　　　　　图8-28 设置实例名称

STEP 6 新建"图层3"，选中第1帧，按F9键打开"动作"面板，输入ActionScript脚本代码，如图8-29所示。执行"文件>保存"命令，将动画保存为"光盘\源文件\第8章\实例57.fla"，如图8-30所示。

图8-29 输入ActionScript脚本

图8-30 "另存为"对话框

提示

侦听函数又叫回调函数，在添加侦听器的时候，前一个参数是事件，后一个就是侦听函数。事件是被传入侦听函数作为参数使用的；事件属于何种事件类型，在传入侦听函数的时候，必须要确定。格式如下：
实例名称.addEventListener(侦听事件,main_start);

STEP 7 按快捷键Ctrl+Enter，测试动画效果，如图8-31所示。

单击动画中相应的按钮，可以实现图片的跳转显示

图8-31 测试Flash动画效果

提示

event:MouseEvent与e:MouseEvent是没有区别的。event与e，都是指函数的参数变量名，变量名可以任意定义，冒号后面说明参数的数据类型是MouseEvent事件类型。

实例58 熟悉Tween类——制作多重选择菜单

实例 目的

Flash动画的应用范围越来越广泛，现在很多的网站中都采用了Flash导航和Flash广告，既可以增加页面的容量，又可以使页面效果更加丰富，例如下拉菜单、网站导航和产品广告展示等都会使用到多重选择菜单。如图8-32所示为制作多重选择菜单的流程图。

■ 图8-32　操作流程图

实例　重点

✦　理解反应区的应用　　　　　　　✦　掌握元件实例名称的设置
✦　掌握Tween类的使用方法

实例　步骤

STEP 1　执行"文件>新建"命令，弹出"新建文档"对话框，选择ActionScript 3.0选项，对其他选项进行设置，如图8-33所示。单击"确定"按钮，新建Flash文档。执行"插入>新建元件"命令，弹出"创建新元件"对话框，设置如图8-34所示。

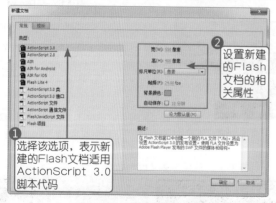

■ 图8-33　"新建文档"对话框

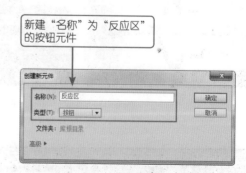

■ 图8-34　"创建新元件"对话框

STEP 2　在"点击"帧按F6键插入关键帧，使用"矩形工具"，设置"笔触颜色"为无，"填充颜色"为任意颜色，在舞台中绘制矩形，如图8-35所示，"时间轴"面板如图8-36所示。

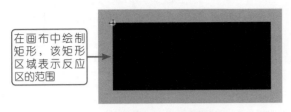

在画布中绘制矩形，该矩形区域表示反应区的范围

"点击"帧表示按钮元件的点击范围

◀ 图8-35 绘制矩形　　　　　◀ 图8-36 "时间轴"面板

STEP 3 执行"插入>新建元件"命令，弹出"创建新元件"对话框，设置如图8-37所示。执行"文件>导入>导入到舞台"命令，导入素材图像"光盘\源文件\第8章\素材\5801.jpg"，如图8-38所示。

新建"名称"为"广告"的影片剪辑元件

◀ 图8-37 "创建新元件"对话框　　　　◀ 图8-38 导入素材图像

STEP 4 选中刚导入的素材图像，执行"修改>转换为元件"命令，将其转换成"名称"为"项目1"的影片剪辑元件，如图8-39所示。选中该元件，在"属性"面板中设置其"实例名称"为home_mc，并设置其坐标位置，如图8-40所示。

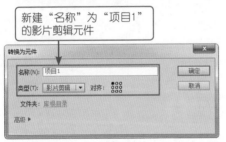
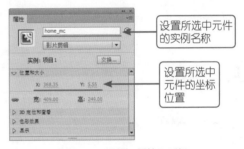

新建"名称"为"项目1"的影片剪辑元件

设置所选中元件的实例名称

设置所选中元件的坐标位置

◀ 图8-39 "创建新元件"对话框　　　　◀ 图8-40 设置"属性"面板

STEP 5 使用相同的制作方法，导入另一张素材图像，将其转换成"名称"为"项目2"的影片剪辑元件，在"属性"面板中对相关属性进行设置，如图8-41所示，场景效果如图8-42所示。

STEP 6 使用相同的制作方法，导入另一张素材图像，将其转换成"名称"为"项目3"的影片剪辑元件，在"属性"面板中对相关属性进行设置，如图8-43所示，场景效果如图8-44所示。

◀ 图8-41 设置"属性"面板　　◀ 图8-42 场景效果　　◀ 图8-43 设置"属性"面板　　◀ 图8-44 场景效果

STEP 7 返回"场景1"编辑状态，使用"文本工具"，在场景中输入文本内容，如图8-45所示。

新建"图层2"，从"库"面板中将"反应区"元件拖入到舞台中，并调整到合适的大小和位置，如图8-46所示。

STEP 8 选中刚拖入的元件，在"属性"面板中设置其"实例名称"为home_btn，如图8-47所示。使用相同的制作方法，分别拖入"反应区"元件，并分别设置"实例名称"为news_btn和about_btn，如图8-48所示。

反应区表示超链接的点击响应范围，在Flash中显示为半透明蓝色，在预览Flash动画时不显示

设置所选中元件的实例名称

该元件的"实例名称"为news_btn

该元件的"实例名称"为about_btn

◀ 图8-45　输入文字　　　◀ 图8-46　拖入元件　　　◀ 图8-47　设置实例名称　　　◀ 图8-48　场景效果

STEP 9 新建"图层3"，从"库"面板中将"广告"元件拖入到场景中，调整到合适的位置，如图8-49所示。选中该元件，在"属性"面板中设置其"实例名称"为main_mc，如图8-50所示。

STEP10 新建"图层4"，选中第1帧，按F9键打开"动作"面板，输入ActionScript脚本代码，如图8-51所示。"时间轴"面板如图8-52所示。

拖入元件并调整到合适的位置

设置所选中元件的实例名称

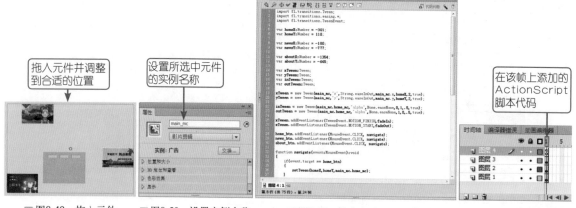

在该帧上添加的ActionScript脚本代码

◀ 图8-49　拖入元件　　◀ 图8-50　设置实例名称　　◀ 图8-51　输入ActionScript代码　　◀ 图8-52　"时间轴"面板

提 示

ActionScript 3.0中支持一个很特别的新类——Tween类，利用Tween类可以使得很多影片剪辑运动效果变得简单。Tween类的使用方法如下：
someTweenID = new mx.transitions.Tween(object, property, function, begin, end, duration, useSeconds)

STEP11 执行"文件>保存"命令，将动画保存为"光盘\源文件\第8章\实例58.fla"，按快捷键Ctrl+Enter，测试动画效果，如图8-53所示。

单击相应的选项，即可动画过渡到相应内容的显示

◀ 图8-53　测试Flash动画效果

实例59 scaleX、scaleY——使用按钮控制元件大小

实例 目的

在ActionScript 3.0中可以通过scaleX与scaleY属性控制元件的大小尺寸，本实例就是通过这两个属性来实现对元件的缩放效果控制。如图8-54所示为使用按钮控制元件大小的流程图。

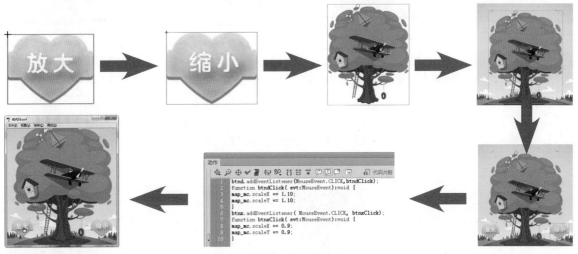

图8-54 操作流程图

实例 重点

✦ 理解按钮元件的使用
✦ 掌握元件实例名称的设置
✦ 掌握scaleX和scaleY属性的使用方法

实例 步骤

STEP 1 执行"文件>新建"命令，弹出"新建文档"对话框，选择ActionScript 3.0选项，对其他选项进行设置，如图8-55所示。单击"确定"按钮，新建Flash文档。执行"插入>新建元件"命令，弹出"创建新元件"对话框，设置如图8-56所示。

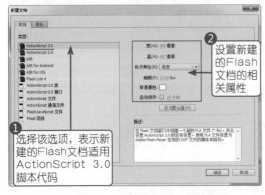

图8-55 "新建文档"对话框

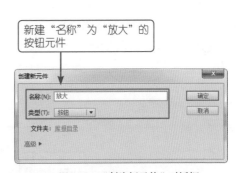

图8-56 "创建新元件"对话框

STEP 2 执行"文件>导入>导入到舞台"命令，将素材图像"光盘\源文件\第8章\素材\5903.png"导入舞台中，如图8-57所示。在"点击"帧按F7键插入空白关键帧，使用"矩形工具"在舞台

中绘制矩形，如图8-58所示。

STEP 3 使用相同的制作方法，可以制作出"名称"为"缩小"的按钮元件，效果如图8-59所示。"时间轴"面板如图8-60所示。

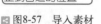

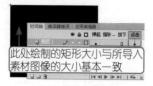

| 图8-57 导入素材 | 图8-58 绘制矩形 | 图8-59 导入素材 | 图8-60 "时间轴"面板 |

STEP 4 执行"插入>新建元件"命令，弹出"创建新元件"对话框，设置如图8-61所示。执行"文件>导入>导入到舞台"命令，将素材图像"光盘\源文件\第8章\素材\5902.png"导入舞台中，如图8-62所示。

STEP 5 返回"场景1"编辑状态，导入素材图像"光盘\源文件\第8章\素材\5901.jpg"，如图8-63所示。新建"图层2"，从"库"面板中将"大树"元件拖入舞台中，如图8-64所示。

| 图8-61 "创建新元件"对话框 | 图8-62 导入素材 | 图8-63 导入素材 | 图8-64 拖入元件 |

STEP 6 选中刚拖入的元件，在"属性"面板中设置"实例名称"为map_mc，如图8-65所示。新建"图层3"，从"库"面板中将"放大"元件和"缩小"元件拖入舞台中，并分别调整到合适的大小和位置，如图8-66所示。

| 图8-65 设置实例名称 | 图8-66 拖入元件 |

STEP 7 设置"放大"元件的"实例名称"为btnd，设置"缩小"元件的"实例名称"为btnx，如图8-67所示。新建"图层4"，按F9键打开"动作"面板，输入ActionScript脚本代码，如图8-68所示。

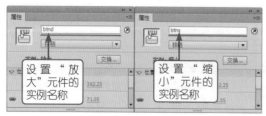

| 图8-67 设置实例名称 | 图8-68 输入ActionScript代码 |

> **提 示**
>
> 在Flash中有两种写入ActionScript 3.0脚本代码的方法，一种是在时间轴的关键帧中添加ActionScript 3.0代码；另一种是在外面写成单独的ActionScript 3.0类文件，再和Flash库元件进行绑定，或者直接和FLA文件绑定。

STEP 8 执行"文件>保存"命令，将动画保存为"光盘\源文件\第8章\实例59.fla"，按快捷键Ctrl+Enter，测试动画效果，如图8-69所示。

单击"放大"按钮，可以放大动画中的"大树"元件

单击"缩小"按钮，可以缩小动画中的"大树"元件

图8-69　测试Flash动画效果

实例60　使用mouseX和mouseY属性——制作鼠标跟随动画

实例 目的

本实例中使用脚本实现了一个跟随鼠标坐标的动画元件。通过对元件命名实例名称，将其和鼠标的坐标对齐。这样的动画效果一般都是应用到娱乐性质网站和Flash游戏动画中，通过可爱有趣的动画形式增加动画的趣味性。如图8-70所示为制作鼠标跟随动画的流程图。

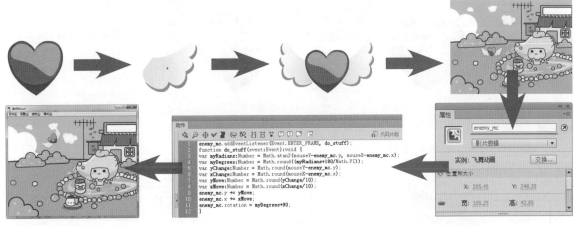

图8-70　操作流程图

实例 重点

★ 掌握Flash中图形的绘制　　　★ 掌握Flash基础动画的制作

★ 掌握mouseX和mouseY属性的使用方法

实例 步骤

STEP 1 执行"文件>新建"命令，弹出"新建文档"对话框，选择ActionScript 3.0选项，对其他选项进行设置，如图8-71所示。单击"确定"按钮，新建Flash文档。执行"插入>新建元件"命令，弹出"创建新元件"对话框，设置如图8-72所示。

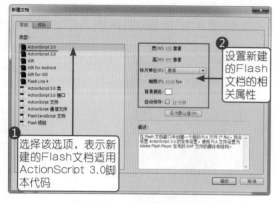

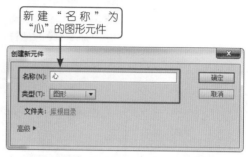

◀ 图8-71 "新建文档"对话框 ◀ 图8-72 "创建新元件"对话框

STEP 2 使用"钢笔工具"，设置"笔触颜色"为无，"填充颜色"为#C21083，在舞台中绘制图形，如图8-73所示。新建"图层2"，设置"笔触颜色"为无，"填充颜色"为#F23C9B，在舞台中绘制图形，如图8-74所示。

STEP 3 新建"图层3"，设置"填充颜色"为透明度为50%的白色，在舞台中绘制图形，如图8-75所示。执行"插入>新建元件"命令，弹出"创建新元件"对话框，设置如图8-76所示。

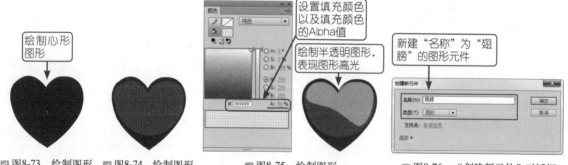

◀ 图8-73 绘制图形 ◀ 图8-74 绘制图形 ◀ 图8-75 绘制图形 ◀ 图8-76 "创建新元件"对话框

STEP 4 使用"钢笔工具"，在舞台中绘制出翅膀图形，如图8-77所示。执行"插入>新建元件"命令，弹出"创建新元件"对话框，设置如图8-78所示。

◀ 图8-77 绘制图形 ◀ 图8-78 "创建新元件"对话框

STEP 5 从"库"面板中将"心"元件拖入到舞台中，在第10帧按F5键插入帧，如图8-79所示。新建"图层2"，将"翅膀"元件拖入到舞台中，并将"图层2"调整至"图层1"下方，如

图8-80所示。

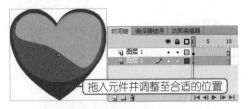

图8-79 拖入元件

图8-80 拖入元件

制作跟随的影片剪辑时，内容的元件中心位置决定了鼠标跟随的位置。不同的影片剪辑，可以多次试验，以得到准确的中心位置。

STEP 6 在"图层2"第5帧和第10帧分别按F6键插入关键帧，选择第5帧上的元件，使用"任意变形工具"，调整元件的中心点位置，旋转元件，如图8-81所示。分别在第1帧和第5帧位置创建传统补间动画，如图8-82所示。

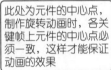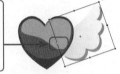

图8-81 旋转元件

图8-82 "时间轴"面板

STEP 7 使用相同的制作方法，可以完成另一半翅膀动画效果的制作，如图8-83所示。"时间轴"面板如图8-84所示。

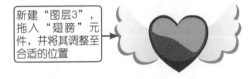

图8-83 场景效果

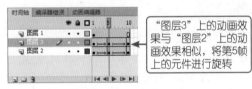

图8-84 "时间轴"面板

STEP 8 返回"场景1"编辑状态，执行"文件>导入>导入到舞台"命令，将素材图像"光盘\源文件\第8章\素材\6001.jpg"导入到舞台中，如图8-85所示。新建"图层2"，从"库"面板中将"飞舞动画"元件拖入到舞台中，并调整到合适的大小，如图8-86所示。

图8-85 导入素材

图8-86 拖入元件

STEP 9 选中刚拖入的元件，在"属性"面板中设置其"实例名称"为enemy_mc，如图8-87所示。新建"图层3"，选择第1帧，按F9键打开"动作"面板，在"动作"面板中输入ActionScript脚本代码，如图8-88所示。

设置所选中元件
的实例名称

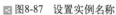

图8-87　设置实例名称

```
enemy_mc.addEventListener(Event.ENTER_FRAME, do_stuff);
function do_stuff(event:Event):void {
    var myRadians:Number = Math.atan2(mouseY-enemy_mc.y, mouseX-enemy_mc.x);
    var myDegrees:Number = Math.round((myRadians*180/Math.PI));
    var yChange:Number = Math.round(mouseY-enemy_mc.y);
    var xChange:Number = Math.round(mouseX-enemy_mc.x);
    var yMove:Number = Math.round(yChange/10);
    var xMove:Number = Math.round(xChange/10);
    enemy_mc.y += yMove;
    enemy_mc.x += xMove;
    enemy_mc.rotation = myDegrees+90;
}
```

图8-88　输入ActionScript脚本代码

提　示

Math类包含常用数学函数和值的方法及常数。使用此类的方法和属性可以访问和处理数学常数和函数。Math类的所有属性和方法都是静态的，并且必须使用Math.method(parameter)或Math.constant语法才能调用。

STEP11　完成动画的制作，执行"文件>保存"命令，将动画保存为"光盘\源文件\第8章\实例60.fla"，按快捷键Ctrl+Enter，测试动画效果，如图8-89所示。

在Flash动画中，该影片剪辑元件会随着光标指针进行移动

图8-89　测试Flash动画效果

实例61　熟悉mask的运用——制作遮罩动画

实例　目的

在Flash中可以直接使用遮罩图层制作遮罩动画。使用ActionScript 3.0同样可以轻松地实现遮罩动画效果。对于脚本的遮罩动画一般只是应用于较为简单的图片或文字遮罩，而且脚本遮罩的体积较小，修改起来也比较方便。如图8-90所示为使用ActionScript 3.0制作遮罩动画的流程图。

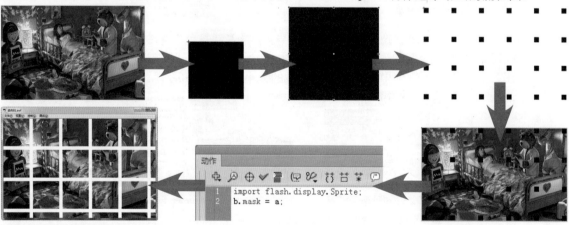

```
import flash.display.Sprite;
b.mask = a;
```

图8-90　操作流程图

实例　重点

★　掌握补间形状动画的制作　　　★　掌握设置元件实例名称的方法

★ 掌握使用ActionScript 3.0实现遮罩的方法

实例 步骤

STEP 1 执行"文件>新建"命令，弹出"新建文档"对话框，选择ActionScript 3.0选项，对其他选项进行设置，如图8-91所示。单击"确定"按钮，新建Flash文档。执行"文件>导入>导入到舞台"命令，导入素材图像"光盘\源文件\第8章\素材\6101.jpg"，如图8-92所示。

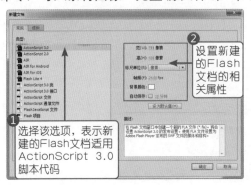

图8-91 "新建文档"对话框　　　　　　　　　　图8-92 导入素材图像

STEP 2 执行"插入>新建元件"命令，弹出"创建新元件"对话框，设置如图8-93所示。使用"矩形工具"，设置"笔触颜色"为无，"填充颜色"为黑色，绘制一个矩形，如图8-94所示。在第15帧按F6键插入关键帧，将该帧上的图形等比例放大，如图8-95所示。

图8-93 "创建新元件"对话框　　　图8-94 绘制矩形　　　图8-95 放大矩形

STEP 3 在第1帧创建补间形状动画，在第75帧按F5键插入帧，"时间轴"面板如图8-96所示。

图8-96 "时间轴"面板

STEP 4 执行"插入>新建元件"命令，弹出"创建新元件"对话框，设置如图8-97所示。将"矩形动画"元件多次从"库"面板中拖入到场景中，并调整对其位置，如图8-98所示。在第85帧按F5键插入帧。

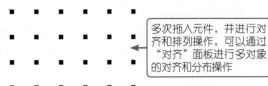

图8-97 "创建新元件"对话框　　　　　　　　　　图8-98 多次拖入元件

STEP 5 返回"场景1"编辑状态，新建"图层2"，从"库"面板中将"遮罩"元件拖入到舞台中，并调整到合适的大小和位置，如图8-99所示。选中该元件，在"属性"面板中设置其"实例名称"为a，如图8-100所示。

STEP 6 选中"图层1"中的背景图像，执行"修改>转换为元件"命令，将其转换为"名称"为"背景"的影片剪辑元件，如图8-101所示。选中该元件，在"属性"面板中设置其"实例名称"为b，如图8-102所示。

图8-99 拖入元件

图8-100 设置实例名称

图8-101 "转换为元件"对话框　图8-102 设置实例名称

STEP 7 新建"图层3"，选中第1帧，按F9键打开"动作"面板，输入ActionScript脚本代码，如图8-103所示。执行"文件>保存"命令，将动画保存为"光盘\源文件\第8章\实例61.fla"，按快捷键Ctrl+Enter，测试动画效果，如图8-104所示。

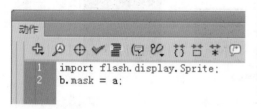
图8-103 输入ActionScript脚本代码

图8-104 测试Flash动画效果

> **提 示**
>
> 调用显示对象被指定的mask对象遮罩。要确保当舞台缩放时蒙版仍然有效，mask显示对象必须处于显示列表的活动部分。但不绘制mask对象本身。将mask设置为null可删除蒙版。
> 要能够缩放遮罩对象，它必须在显示列表中。要能够拖动蒙版Sprite对象（通过调用其startDrag()方法），它必须在显示列表中。要为基于sprite正在调度的mouseDown事件调用startDrag()方法，请将sprite的buttonMode属性设置为true。

> **提 示**
>
> 单个mask对象不能用于遮罩多个执行调用的显示对象。在将mask分配给第二个显示对象时，会撤销其作为第一个对象的遮罩，该对象的mask属性将变为null。

第9章

Flash CS6

商业Flash动画案例

Flash动画在网页中的应用最为广泛，常常可以在网站中看到Flash按钮动画、Flash导航菜单、Flash广告动画以及Flash开场动画等。在前面几章中已介绍了Flash中各种基础动画和高级动画的制作方法，在本章中将通过一些网站中常见Flash商业动画的制作，使读者快速掌握各种不同类型的Flash动画的制作方法。

本章重点

- 制作企业网站导航菜单
- 制作开场动画
- 制作片头动画
- 制作电子贺卡

实例62 制作企业网站导航菜单

实例 ▶ 目的

现在的网站各种各样，而网站中的导航也是各式各样。本实例制作的企业导航菜单本身很简单，但是在功能的实现上却相当新颖，使得浏览者可以印象深刻。本实例的目的是让读者掌握网站导航菜单动画的制作方法，如图9-1所示为制作企业网站导航菜单的流程图。

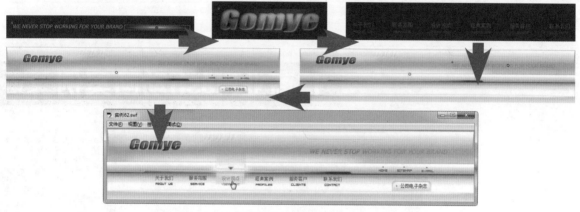

◀ 图9-1 操作流程图

实例 ▶ 重点

★ 掌握Flash中各种元件的使用
★ 掌握传统补间动画的制作方法

★ 掌握遮罩动画的制作方法
★ 掌握为元件添加滤镜效果的方法

实例 ▶ 步骤

STEP 1 执行"文件>新建"命令，弹出"新建文档"对话框，选择ActionScript 2.0选项，对其他选项进行设置，如图9-2所示。单击"确定"按钮，新建Flash文档。执行"插入>新建元件"命令，弹出"创建新元件"对话框，设置如图9-3所示。

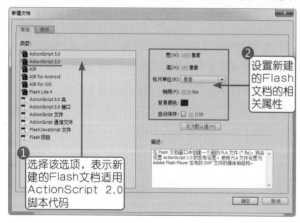

◀ 图9-2 "新建文档"对话框

◀ 图9-3 "创建新元件"对话框

导航的尺寸设置一般要根据页面的设计格局来定，并没有一定的尺寸。但是帧频一般设置得都比较大，这样的目的是为了使动画播放效果具有冲击力。网站中的导航创意原则在于标新立异、和谐统一、震撼心灵，打破原始的矩形、圆角矩形等轮廓形状。这样才能实现网站导航的醒目快捷的功能。

STEP 2 使用"文字工具"，在"属性"面板中设置相应的文字属性，如图9-4所示。在舞台中输入文字，将文字转换成"名称"为"标题文字"的图形元件，如图9-5所示。

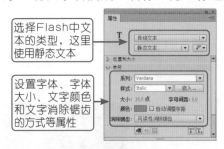

图9-4　设置文字属性

图9-5　输入文字并转换为元件

STEP 3 在第95帧按F5键插入帧。新建"图层2"，导入素材图像"光盘\源文件\第9章\6225.png"，如图9-6所示。将其转换成"名称"为"过光图形"的图形元件，如图9-7所示。

图9-6　导入素材图像

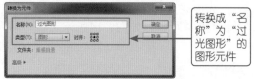

图9-7　"转换为元件"对话框

STEP 4 在第60帧按F6键插入关键帧，将该帧上的元件向右移动，如图9-8所示，在第1帧创建传统补间动画。新建"图层3"，将"标题文字"元件拖入到舞台中，将"图层3"设置为遮罩层，创建遮罩动画，如图9-9所示。

图9-8　向右移动元件

图9-9　拖入元件创建遮罩动画

STEP 5 使用相同的制作方法，可以制作出"名称"为"标志过光动画"的影片剪辑元件，场景效果如图9-10所示。"时间轴"面板如图9-11所示。

在Flash中可以把影片剪辑看成一个独立的对象，并且它是一段动画，影片剪辑的特点就是可以无限嵌套。而层是一个独立的空间，它可以更好地规划Flash动画的制作思路。

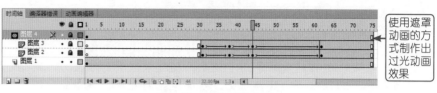

圖 图9-10 场景效果

圖 图9-11 "时间轴"面板

STEP 6 执行"插入>新建元件"命令，弹出"创建新元件"对话框，设置如图9-12所示。执行"文件>导入>导入到舞台"命令，导入素材图像"光盘\源文件\第9章\素材\6203.png"，如图9-13所示。

新建"名称"为"菜单项1"的按钮元件

舞台原点位置

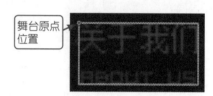

圖 图9-12 "创建新元件"对话框

圖 图9-13 导入素材图像

STEP 7 选中导入的素材图像，单击"对齐"面板上的"水平中齐"和"垂直中齐"按钮，将其与舞台居中对齐，如图9-14所示。在"指针经过"帧按F7键插入空白关键帧，导入素材图像"光盘\源文件\第9章\素材\6204.png"，如图9-15所示。

单击"水平中齐"和"垂直中齐"按钮

舞台原点位置

选中该复选框

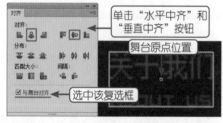

舞台原点位置

圖 图9-14 对齐图像

圖 图9-15 导入素材图像

STEP 8 在"点击"帧按F7键插入空白关键帧，使用"矩形工具"，设置"笔触颜色"为无，"填充颜色"为任意颜色，在舞台中绘制一个矩形，如图9-16所示。使用相同的制作方法，可以制作出其他类似的按钮元件，如图9-17所示。

其他按钮元件的制作方法与"菜单项1"按钮元件的制作方法完全相同，区别在于所导入素材图像不同

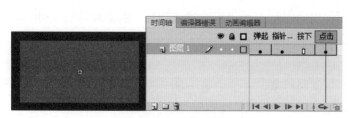

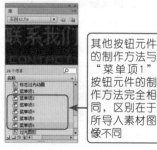

圖 图9-16 绘制矩形

圖 图9-17 "库"面板

STEP 9 执行"插入>新建元件"命令，弹出"创建新元件"对话框，设置如图9-18所示。导入素材图像"光盘\源文件\第9章\素材\6216.png"，将该素材转换成"名称"为"倒三角"的影片剪辑元件，如图9-19所示。

新建"名称"为"倒三角动画"的影片剪辑元件

导入素材图像并转换为元件

◀ 图9-18 "创建新元件"对话框 　　　　　 ◀ 图9-19 导入素材图像

STEP10 在第20帧和第40帧分别按F6键插入关键帧，选择第20帧上的元件，将其向下移动，并为其添加"发光"和"调整颜色"滤镜，如图9-20所示。分别在第1帧和第20帧创建传统补间动画，如图9-21所示。

添加滤镜并对滤镜选项进行设置

该图层中制作的是三角图形的发光动画效果

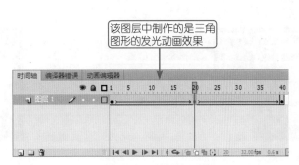

◀ 图9-20 添加滤镜效果 　　　　　 ◀ 图9-21 "时间轴"面板

> **提 示**
>
> "发光"滤镜可以为对象的周围应用颜色，从而打造出发光的效果。"调整颜色"滤镜可以用来对所选对象的颜色属性进行调整，其中包括对比度、亮度、饱和度和色相等。

STEP11 执行"插入>新建元件"命令，弹出"创建新元件"对话框，设置如图9-22所示。使用"椭圆工具"，在舞台中绘制一个白色的椭圆形，将其转换成"名称"为"椭圆2"的影片剪辑元件，如图9-23所示。

新建"名称"为"菜单激活动画"的影片剪辑元件

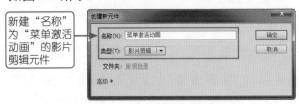

绘制椭圆形并转换为元件

◀ 图9-22 "创建新元件"对话框 　　　　　 ◀ 图9-23 绘制椭圆形并转换为元件

STEP12 选中该元件，在"属性"面板中设置其Alpha值为0%，"混合"为"叠加"，并添加"模糊"滤镜，如图9-24所示。在第20帧和第40帧分别按F6键插入关键帧，选择第20帧上的元件，设置该帧上元件的"样式"为无，并将其等比例放大，分别在第1帧和第20帧创建传统补间动画，如图9-25所示。

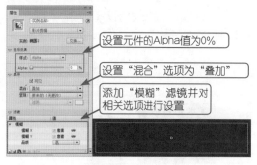

图9-24　设置元件属性

图9-25　元件效果

提 示

在Flash中只可以为文本、按钮和影片剪辑添加滤镜效果，其他的图形、图形元件等都不可以添加滤镜效果。

STEP13　新建"图层2"，导入素材图像"光盘\源文件\第9章\素材\6215.png"，如图9-26所示。新建"图层3"，从"库"面板中将"倒三角动画"元件拖入到舞台中，如图9-27所示。

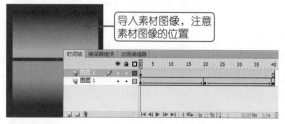

图9-26　导入素材图像

图9-27　拖入元件

STEP14　新建"名称"为"菜单动画"的影片剪辑元件，从"库"面板中将"菜单项1"元件拖入到舞台中，如图9-28所示。设置其"实例名称"为btn_01_btn，在第27帧按F5键插入帧，如图9-29所示。

图9-28　拖入元件

图9-29　设置实例名称

STEP15　在第12帧按F6键插入关键帧，选择第1帧上的元件，将其向下移动35像素，并设置其Alpha值为0%，在第1帧创建传统补间动画，如图9-30所示。新建"图层2"，在第3帧插入关键帧，将"菜单项2"元件拖入到舞台中，并设置其"实例名称"为btn_02_btn，如图9-31所示。

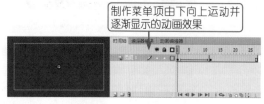

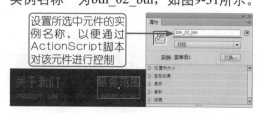

图9-30　设置元件并创建动画

图9-31　拖入元件并设置实例名称

STEP16▶ 在第14帧按F6键插入关键帧，选择第3帧上的元件，将其向下移动35像素，并设置其Alpha值为0%，在第3帧创建传统补间动画，如图9-32所示。使用相同的制作方法，可以完成"图层3"至"图层6"上动画效果的制作，如图9-33所示。

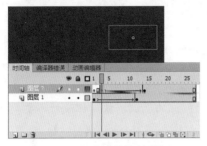

各导航菜单项分别逐个由下向上运动并逐渐显示的动画效果

◀ 图9-32　设置元件并创建动画　　　　　◀ 图9-33　制作出其他菜单项动画效果

STEP17▶ 新建"图层7"，使用"矩形工具"，设置"笔触颜色"为无，"填充颜色"为任意颜色，在舞台中绘制一个矩形，如图9-34所示。设置"图层7"为遮罩层，将"图层1"至"图层6"都设置为被遮罩层，如图9-35所示。

一个遮罩层，多个被遮罩层

◀ 图9-34　绘制矩形　　　　　◀ 图9-35　创建遮罩动画

STEP18▶ 新建"图层8"，在第27帧按F6键插入关键帧，从"库"面板中将"菜单激活动画"元件拖入到舞台中，并设置其"实例名称"为bulleye_mc，如图9-36所示。将"图层8"调整至"图层1"下方，在"图层7"上新建"图层9"，在第27帧按F6键插入关键帧，打开"动作"面板，输入ActionScript脚本代码，如图9-37所示。

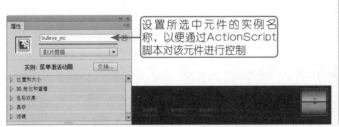

设置所选中元件的实例名称，以便通过ActionScript脚本对该元件进行控制

◀ 图9-36　拖入元件并设置实例名称　　　　　◀ 图9-37　输入ActionScript脚本代码

STEP19▶ 返回"场景1"编辑状态，导入素材图像"光盘\源文件\第9章\素材\6201.jpg"，在第100帧按F5键插入帧，如图9-38所示。新建"图层2"，将"标志过光动画"元件拖入到舞台中，在第30帧按F6键插入关键帧，选择第1帧上的元件，设置其Alpha值为0%，在第1帧创建传统补间动画，如图9-39所示。

图9-38　导入素材图像

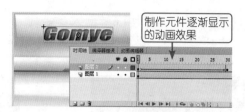

制作元件逐渐显示的动画效果

图9-39　拖入元件并制作动画

提 示

网站导航制作中的色彩要求与网站页面色彩相统一，色调感觉与网站的色调一致，但最好不要使用相同色系颜色，也可采用补色，这样才能更加突出导航主题，达到吸引人注意的目的。

STEP20 新建"图层3"，将"菜单动画"元件拖入到舞台中，如图9-40所示。新建"图层4"，在第33帧按F6键插入关键帧，将"标题过光动画"元件拖入到舞台中，如图9-41所示。

拖入元件，可以双击该元件进入元件的编辑状态，查看元件的位置是否合适

图9-40　拖入元件

图9-41　拖入元件

STEP21 在第83帧按F6键插入关键帧，并将该帧上的元件向右移动，如图9-42所示。选择第33帧上的元件，设置其Alpha值为30%，在第33帧创建传统补间动画，如图9-43所示。

图9-42　向右移动元件

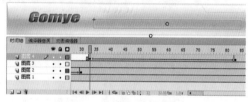

图9-43　设置元件并创建动画

STEP22 使用相同的制作方法，可以完成"图层5"至"图层9"上动画效果的制作，场景效果如图9-44所示。"时间轴"面板如图9-45所示。

图9-44　场景效果

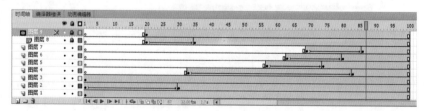

图9-45　"时间轴"面板

STEP23 新建"图层10"，在第100帧按F6键插入关键帧，打开"动作"面板，输入脚本代码

stop();，如图9-46所示。"时间轴"面板如图9-47所示。

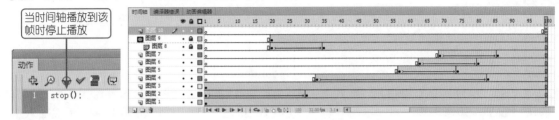

◀图9-46 输入ActionScript脚本　　　　　◀图9-47 "时间轴"面板

STEP24 完成动画的制作，执行"文件>保存"命令，将动画保存为"光盘\源文件\第9章\实例62.fla"，按快捷键Ctrl+Enter，测试动画效果，如图9-48所示。

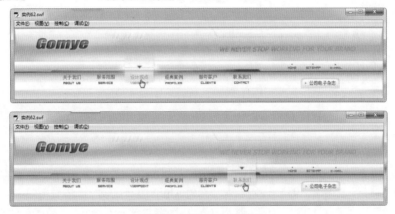

◀图9-48 测试Flash动画效果

| 实例63 制作开场动画 🔍

实例 ▶ 目的 ✍

开场动画在网站中非常常见，用于增强网站的动感并吸引浏览者。本实例制作的是一个产品宣传开场动画，通过多张产品图片的遮罩切换来充分展示产品。本实例的目的是使读者掌握Flash开场动画的制作方法。如图9-49所示为制作开场动画的流程图。

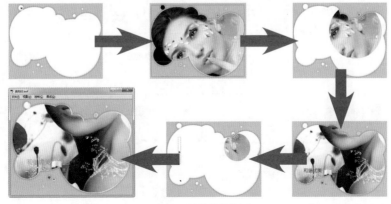

◀图9-49 操作流程图

实例 ▶ 重点 🖉

　　★ 掌握传统补间动画的制作　　　　　　　★ 掌握外部库的使用

　　★ 掌握遮罩动画的制作

实例 ▶ 步骤 🖉

STEP 1 执行"文件>新建"命令，弹出"新建文档"对话框，选择ActionScript 3.0选项，对其他选项进行设置，如图9-50所示。单击"确定"按钮，新建Flash文档，在第30帧按F6键插入关键帧，导入素材图像"光盘\源文件\第9章\素材\6301.png"，如图9-51所示。

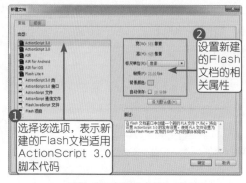

图9-50　"新建文档"对话框　　　　　　图9-51　导入素材图像

STEP 2 选中导入的素材图像，将其转换成"名称"为"框"的图形元件，分别在第40帧和第45帧按F6键插入关键帧，选择第30帧上的元件，设置Alpha值为0%，并将其等比例缩小，如图9-52所示。选择第40帧上的元件，设置Alpha值为70%，并将其等比例放大，如图9-53所示。

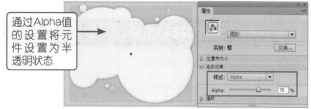

图9-52　元件效果　　　　　　　　　　图9-53　元件效果

STEP 3 分别在第30帧和第40帧创建传统补间动画，在第1050帧按F5键插入帧，如图9-54所示。新建"图层2"，执行"文件>导入>打开外部库"命令，打开外部素材库文件"光盘\源文件\第9章\素材\实例63-素材.fla"，如图9-55所示。

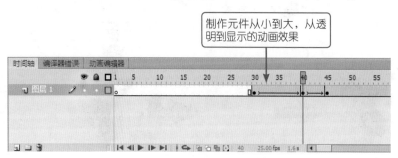

图9-54　"时间轴"面板　　　　　　　图9-55　"外部库"面板

STEP 4 从"外部库"面板中将"圆动画"元件拖入到舞台中，调整到合适的位置，如图9-56所示。新建"图层3"，在第97帧按F6键插入关键帧，导入素材图像"光盘\源文件\第9章\素材\6302.png"，如图9-57所示。

STEP 5 新建"图层4"，在第97帧按F6键插入关键帧，在"外部库"面板中将"圆"元件拖入到舞台中，如图9-58所示。分别在第130帧和第145帧按F6键插入关键帧，选择第130帧上的元件，将其向左移动，如图9-59所示。

拖入的元件，双击元件可以进入该元件的编辑状态，可以查看元件的位置是否合适

图9-56 拖入元件　　图9-57 导入素材图像　　图9-58 拖入元件　　图9-59 向左移动元件

STEP 6 选择第145帧上的元件，将该帧上的元件等比例放大，如图9-60所示。分别在第97帧和第130帧创建传统补间动画，将"图层4"设置为遮罩层，创建遮罩动画，如图9-61所示。

使用"任意变形工具"，按住Shift键拖动，可以将元件等比例放大

使用传统补间动画遮罩位图素材，制作出位图素材遮罩显示的效果

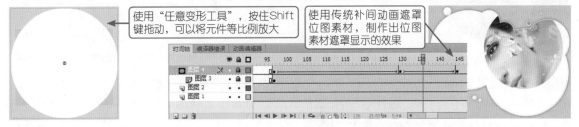

图9-60 等比例放大元件　　　　　　　　图9-61 创建遮罩动画

STEP 7 新建"图层5"，在第203帧位置按F6键插入关键帧，导入素材图像"光盘\源文件\第9章\素材\6303.png"，如图9-62所示。新建"图层6"，在第203帧位置按F6键插入关键帧，在"外部库"面板中将"圆"元件拖入到舞台中，如图9-63所示。

STEP 8 分别在第237帧和第256帧按F6键插入关键帧，选择第237帧上的元件，将该帧上的元件向上移动并等比例放大，如图9-64所示。选择第256帧上的元件，将该帧上的元件等比例放大，如图9-65所示。

使用"任意变形工具"，按住Shift键拖动，可以将元件等比例放大

导入素材图像并调整素材图像到合适的位置

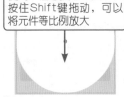

图9-62 导入素材图像　　图9-63 拖入元件　　图9-64 调整元件位置和大小　　图9-65 等比例放大元件

STEP 9 分别在第203帧和第236帧创建传统补间动画，将"图层6"设置为遮罩层，创建遮罩动画，如图9-66所示。新建"图层7"，在第262帧按F6键插入关键帧，使用"文本工具"在画布中输入文字，将文字转换成"名称"为"文字1"的图形元件，如图9-67所示。

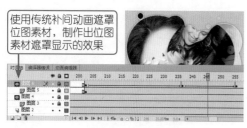

使用传统补间动画遮罩位图素材，制作出位图素材遮罩显示的效果

设置文字的相关属性，包括字体、字体大小和字体颜色等

图9-66　创建遮罩动画　　　　　图9-67　输入文字并转换为元件

STEP10 分别在第269帧和第272帧按F6键插入关键帧，选择第262帧上的元件，将其等比例缩小并设置其Alpha值为0%，如图9-68所示。选择第269帧上的元件，将其等比例放大，分别在第262帧和第269帧创建传统补间动画，如图9-69所示。

STEP11 新建"图层8"，在第331帧位置按F6键插入关键帧，导入素材图像"光盘\源文件\第9章\素材\6304.png"，如图9-70所示。新建"图层9"，在第331帧位置按F6键插入关键帧，在"外部库"面板中将"圆"元件拖入到舞台中，如图9-71所示。

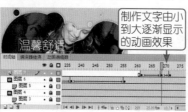

制作文字由小到大逐渐显示的动画效果

导入素材图像并调整素材图像到合适的位置

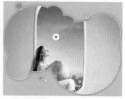

图9-68　元件效果　　　图9-69　放大元件　　　图9-70　导入素材图像　　　图9-71　拖入元件

STEP12 分别在第359帧、第370帧和第390帧位置按F6键插入关键帧，选择第359帧上的元件，将其向上移动，如图9-72所示。选择第370帧上的元件，将其向上移动，如图9-73所示。选择第390帧上的元件，将其等比例放大，如图9-74所示。

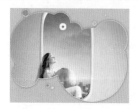

使用"任意变形工具"，按住Shift键拖动，可以将元件等比例放大

图9-72　向上移动元件　　　图9-73　向上移动元件　　　图9-74　等比例放大元件

STEP13 分别在第331帧、第359帧和第370帧位置创建传统补间动画，将"图层9"设置为遮罩层，创建遮罩动画，如图9-75所示。新建"图层10"，在第409帧位置按F6键插入关键帧，使用"文本工具"在画布中输入文字，将文字转换成"名称"为"文字2"的图形元件，如图9-76所示。

使用传统补间动画遮罩位图素材，制作出位图素材遮罩显示的效果

图9-75　创建遮罩动画　　　　　图9-76　输入文字并转换为元件

STEP14 在第421帧位置按F6键插入关键帧，选择第409帧上的元件，将其等比例缩小并设置其Alpha值为0%，如图9-77所示。在第409帧创建传统补间动画，"时间轴"面板如图9-78所示。

制作文字由小到大逐渐显示的动画效果

元件完全透明的效果

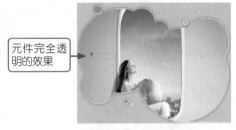

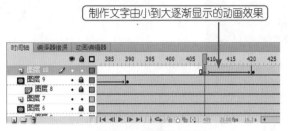

図图9-77　元件效果　　　　　　　　　図图9-78　"时间轴"面板

STEP15 使用相同的制作方法，可以完成"图层11"至"图层22"上动画效果的制作，场景效果如图9-79所示，"时间轴"面板如图9-80所示。

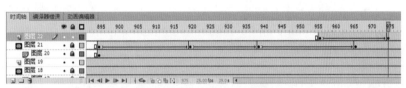

図图9-79　场景效果　　　　　　　　　図图9-80　"时间轴"面板

STEP16 新建"图层23"，在第133帧位置按F6键插入关键帧，在"外部库"面板中将"矩形动画"元件拖入到舞台中，如图9-81所示。新建"图层4"，在第1050帧位置按F6键插入关键帧，按F9键打开"动作"面板，输入ActionScript脚本代码，如图9-82所示。

STEP17 完成动画的制作，执行"文件>保存"命令，将动画保存为"光盘\源文件\第9章\实例63.fla"，按快捷键Ctrl+Enter，测试动画效果，如图9-83所示。

动画播放到时间轴该帧时将停止播放

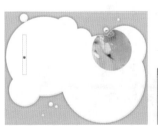

図图9-81　拖入元件　　図图9-82　输入脚本代码　　　　　図图9-83　测试Flash动画效果

实例64　制作片头动画

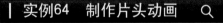

实例 目的

　　动画中的开场动画应用范围非常广泛。不同的动画类型往往需要不同的开场动画。其主要的功能是增强动画的趣味性，并且在动画播放的过程中传达网站的主题。本实例的目的是使读者了解片头动画的表现方法。如图9-84所示为制作片头动画的流程图。

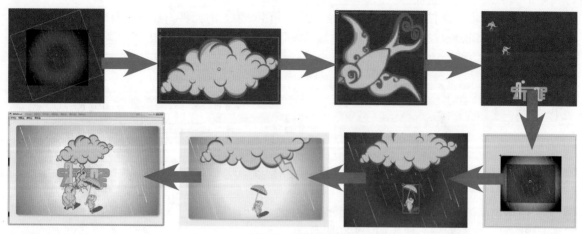

图9-84　操作流程图

实例　重点

★　掌握Flash中各种元件的应用　　　★　掌握元件属性的设置

★　掌握传统补间动画的制作　　　　★　掌握传统运动引导层动画的制作

实例　步骤

STEP 1　执行"文件>新建"命令，弹出"新建文档"对话框，选择ActionScript 3.0选项，对其他选项进行设置，如图9-85所示。单击"确定"按钮，新建Flash文档。执行"插入>新建元件"命令，弹出"创建新元件"对话框，设置如图9-86所示。

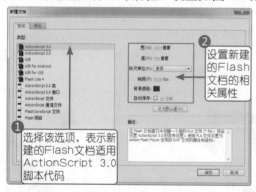

图9-85　"新建文档"对话框

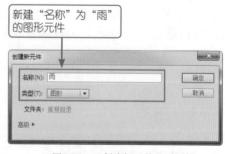

图9-86　"创建新元件"对话框

STEP 2　使用Flash中的绘图工具绘制图形，如图9-87所示。新建"名称"为"下雨动画"的影片剪辑元件，将"雨"元件拖入到舞台中，如图9-88所示。

图9-87　绘制图形

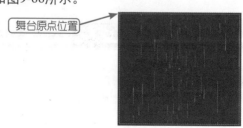

图9-88　拖入元件

STEP 3 在第2帧按F6键插入关键帧，将该帧上的元件向上移动，如图9-89所示。在第4帧按F6键插入关键帧，将该帧上的元件向下移动，如图9-90所示。在第2帧创建传统补间动画，使用相同的制作方法，可以完成下雨动画效果的制作，"时间轴"面板如图9-91所示。

■ 图9-89 向上移动元件　　　■ 图9-90 向下移动元件　　　■ 图9-91 "时间轴"面板

STEP 4 新建"名称"为"背景动画"的影片剪辑元件，使用"矩形工具"，在舞台中绘制一个矩形，并为该矩形填充从透明的紫色到黑色的径向渐变，如图9-92所示。将刚绘制的矩形转换成"名称"为"背景1"的图形元件。在第85帧按F6键插入关键帧，对该帧上的元件进行旋转操作，如图9-93所示。

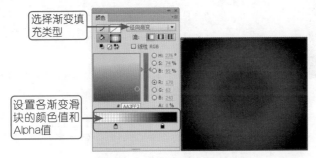

■ 图9-92 填充径向渐变　　　　　　　■ 图9-93 旋转元件

STEP 5 在第1帧创建传统补间动画，并在"属性"面板中设置其"旋转"为"逆时针"，如图9-94所示。分别在第215帧和第270帧按F6键插入关键帧，对第270帧上的元件进行旋转操作，如图9-95所示。在第215帧创建传统补间动画，并在"属性"面板中设置其"旋转"为"顺时针"，如图9-96所示。

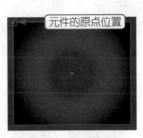
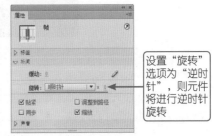

■ 图9-94 设置"旋转"选项　　　■ 图9-95 旋转元件　　　■ 图9-96 设置"旋转"选项

提示

在制作元件的旋转动画时，可以控制元件的旋转方向和旋转次数，在"属性"面板上的"旋转"下拉列表中选择相应的选项，即可控制旋转方向，在下拉列表后可以设置旋转的次数。

STEP 6 分别在第455帧、第480帧和第510帧按F6键插入关键帧，选择第480帧上的元件，将该帧上的元件进行旋转，如图9-97所示。分别在第455帧和第480帧创建传统补间动画，如图9-98所示。

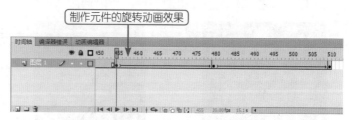

制作元件的旋转动画效果

元件的原点位置

图9-97 旋转元件　　　　　　　　　　　图9-98 "时间轴"面板

STEP 7 新建"图层2"，在第97帧按F6键插入关键帧，使用"矩形工具"，在舞台中绘制一个Alpha值为30%的黑色矩形，如图9-99所示。在第100帧按F6键插入关键帧，分别在第99帧和第103帧按F7键插入空白关键帧，如图9-100所示。

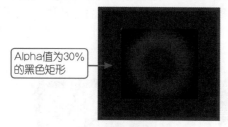

Alpha值为30%的黑色矩形

图9-99 绘制矩形　　　　　　　　　　　图9-100 "时间轴"面板

STEP 8 新建"图层3"，将"下雨动画"元件拖入到舞台中，等比例放大并进行旋转操作，如图9-101所示。新建"名称"为"云朵动画"的影片剪辑元件，导入素材图像"光盘\源文件\第9章\素材\6402.png"，并将其转换成"名称"为"云朵"的图形元件，如图9-102所示。

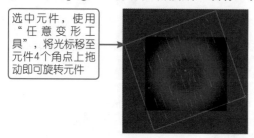

选中元件，使用"任意变形工具"，将光标移至元件4个角点上拖动即可旋转元件

导入素材并转换为元件

图9-101 拖入元件并旋转　　　　　　　　图9-102 导入素材并转换为元件

STEP 9 在第2帧按F6键插入关键帧，设置该帧上元件的"亮度"为100%，如图9-103所示。在第5帧按F6键插入关键帧，设置该帧上元件的"样式"为无。分别在第30帧和第40帧按F6键插入关键帧，将第40帧的元件向下移动，在第30帧创建传统补间动画，如图9-104所示。

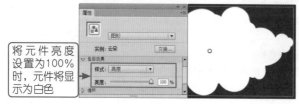

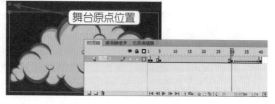

将元件亮度设置为100%时，元件将显示为白色

舞台原点位置

图9-103 元件效果　　　　　　　　　　　图9-104 向下移动元件

STEP10 使用相同的制作方法，可以完成该元件动画效果的制作。新建"名称"为"小鸟飞"的影片剪辑元件，导入素材图像"光盘\源文件\第9章\素材\6407.png"，如图9-105所示。在第3帧按F7键插入空白关键帧，导入素材图像6408.png，如图9-106所示。在第5帧按F7键插入空白关键帧，将素材6407.png从"库"面板拖入舞台中，如图9-107所示。

STEP11 使用相同的制作方法，可以完成该元件动画效果的制作，"时间轴"面板如图9-108所示。新建"名称"为"标志动画"的影片剪辑元件，导入素材图像"光盘\源文件\第9章\素材\6406.png"，在第92帧按F5键插入帧，如图9-109所示。

◀ 图9-105
导入素材图像

◀ 图9-106
导入素材图像

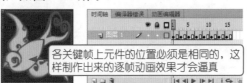

◀ 图9-107
拖入素材图像

◀ 图9-108　"时间轴"面板

◀ 图9-109　导入素材图像

STEP12 新建"图层2"，将"小鸟飞"元件拖入到舞台中，在第40帧按F6键插入关键帧，如图9-110所示。为"图层2"添加传统运动引导层，使用"钢笔工具"绘制曲线。在"图层2"的第65帧按F6键插入关键帧，调整该帧上元件的位置并旋转，在第40帧创建传统补间动画，如图9-111所示。

◀ 图9-110　拖入元件

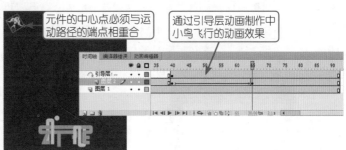

◀ 图9-111　制作引导层动画

STEP13 使用相同的制作方法，可以制作出另一只小鸟的引导线动画，如图9-112所示。新建"图层6"，在第92帧按F6键插入关键帧，在"动作"面板中输入脚本stop();，"时间轴"面板如图9-113所示。

◀ 图9-112　场景效果

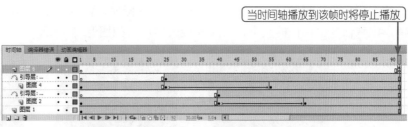

◀ 图9-113　"时间轴"面板

STEP14 使用相同的制作方法，可以制作出其他的元件，如图9-114所示。返回"场景1"编辑状态，将"背景动画"元件拖入到舞台中，将其等比例放大并设置其Alpha值为0%，如图9-115所示。

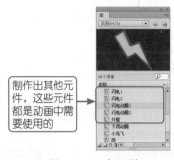

制作出其他元件，这些元件都是动画中需要使用的

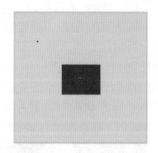

图9-114 "库"面板

图9-115 拖入元件并设置

STEP15 在第10帧按F6键插入关键帧，设置该帧上元件的"样式"为无，并将该帧上元件等比例缩小，如图9-116所示。在第75帧按F6键插入关键帧，将该帧上元件等比例缩小，如图9-117所示。在第450帧按F5键插入帧，分别在第1帧和第10帧创建传统补间动画，如图9-118所示。

制作背景逐渐缩小并显示的动画效果

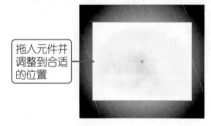

图9-116 缩小元件 图9-117 缩小元件

图9-118 "时间轴"面板

STEP16 新建"图层2"，在第130帧按F6键插入关键帧，将"背景2"元件拖入到舞台中，如图9-119所示。在第255帧按F6键插入关键帧，选择第130帧上的元件，将其向下移动并设置其Alpha值0%，在第130帧创建传统补间动画，如图9-120所示。

拖入元件并调整到合适的位置

制作元件由下向上移动并逐渐显示的动画效果

图9-119 拖入元件

图9-120 向下移动元件

STEP17 将"图层2"调整至"图层1"下方，在"图层1"之上新建"图层3"，将"云朵"元件拖入到舞台中，并设置其"亮度"为100%，如图9-121所示。在第20帧按F6键插入关键帧，设置该帧上元件的"样式"为无，并对其进行旋转操作，如图9-122所示。在第55帧按F6键插入关键帧，调整该帧上元件的大小、位置和旋转角度，如图9-123所示。

图9-121 拖入元件 图9-122 调整元件 图9-123 调整元件

STEP18 在第75帧按F6键插入关键帧，调整该帧上元件的大小、位置和旋转角度，如图9-124所

示。在第85帧按F6键插入关键帧，调整该帧上元件的大小、位置和角度，如图9-125所示。

STEP19 在第100帧按F6键插入关键帧，调整该帧上元件的大小、位置和旋转角度，如图9-126所示。在第115帧按F6键插入关键帧，调整该帧上元件的大小、位置和角度，如图9-127所示。

◁ 图9-124　调整元件　　◁ 图9-125　调整元件　　◁ 图9-126　调整元件　　◁ 图9-127　调整元件

提　示

一个大的动画中，总会有多个小的影片剪辑元件。控制它们有两种方式，一种是使用实例名称通过脚本控制。另外一种是在制作这些小动画时就考虑到整体动画的效果，无论是速度还是特效。

STEP20 在第134帧按F6键插入关键帧，调整该帧上元件的大小、位置和角度，如图9-128所示。在第135帧按F7键插入空白关键帧，将"云朵动画"元件拖入到舞台中并调整到合适的位置，如图9-129所示。

STEP21 分别在第1、20、55、75、85、100、115帧创建传统补间动画。打开外部库文件"光盘\源文件\第9章\素材\实例64-素材.fla"，如图9-130所示。新建"图层4"，在第50帧按F6键插入关键帧，将"小人1动画"元件拖入到舞台中，如图9-131所示。

> 这里拖入的"云朵动画"元件的位置和大小必须与第134帧上元件的大小和位置相一致

> 拖入元件并调整到合适的位置

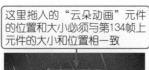

◁ 图9-128　调整元件　　◁ 图9-129　拖入元件　　◁ 图9-130　"外部库"面板　　◁ 图9-131　拖入元件

STEP22 在第65帧按F6键插入关键帧，将该帧上的元件向左移动，如图9-132所示。选择第50帧上的元件，设置其Alpha值为20%，在第50帧创建传统补间动画，如图9-133所示。

> 制作元件向左移动并逐渐显示的动画效果

◁ 图9-132　移动元件　　◁ 图9-133　设置元件Alpha值

提　示

在制作卡通网站开场动画时，首先要注意应用色彩要与表达的内容一致。在制作动画时，也不宜太过复杂。把重点体现在标志性的卡通图形动画上，通过不同的画面来展现网站多方面的内容。

STEP23 新建"图层5"，在第55帧按F6键插入关键帧，将"闪电动画1"元件拖入到舞台中，如图9-134所示。在第85帧按F6键插入关键帧，调整该帧上元件的大小和位置，并设置其Alpha值为0%，如图9-135所示，在第55帧创建传统补间动画。

图9-134 拖入元件

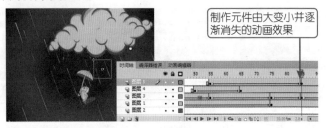

图9-135 设置元件Alpha值

STEP24 使用相同的制作方法，可以制作出"图层6"上的动画效果，将"图层5"和"图层6"调整至"图层3"的下方，如图9-136所示。

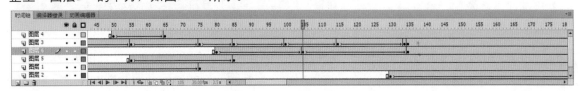

图9-136 "时间轴"面板

STEP25 使用相同的制作方法，可以制作出"图层7"至"图层11"上的动画效果，场景效果如图9-137所示，"时间轴"面板如图9-138所示。

图9-137 场景效果

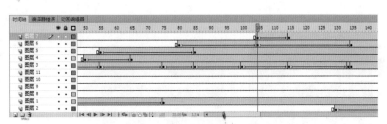

图9-138 "时间轴"面板

STEP26 在图层的最上方新建"图层12"，将"外框"元件拖入到舞台中，在"属性"面板中为其添加"投影"滤镜，如图9-139所示。新建"图层13"，在第450帧按F6键插入关键帧，在"动作"面板中输入脚本代码stop();，将该文档舞台的"背景颜色"修改为#EBEBEB，场景效果如图9-140所示。

图9-139 拖入元件并添加滤镜

图9-140 场景效果

> **提 示**
>
> "投影"滤镜可以模拟对象向一个表面投影的效果，或是在背景中剪出一个形似对象的形状来模拟对象的外观。在"滤镜"属性中选择"投影"选项，可以看到列表中包括很多参数，如模糊、强度、品质、角度、距离、挖空、内阴影等，通过这些参数设置可以为元件添加不同的投影效果。

STEP27 完成动画的制作，执行"文件>保存"命令，将动画保存为"光盘\源文件\第9章\实例64.fla"，按快捷键Ctrl+Enter，测试Flash动画效果，如图9-141所示。

◀ 图9-141 测试Flash动画效果

实例65 制作电子贺卡

实例 目的

本实例通过蓝天白云的场景图片动画和在相应区域输入文本内容制作出清新的静帧贺卡，贺卡中的文字内容使用ActionScript脚本调用外部文本，这样可以更自由地控制贺卡的应用，本实例要求读者掌握动态文本框和组件的运用。如图9-142所示为制作电子贺卡的流程图。

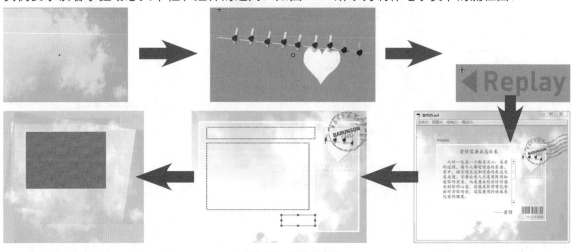

◀ 图9-142 操作流程图

实例 重点

★ 动态文本框   ★ 了解UIScorllBar组件   ★ 掌握Flash贺卡的制作方法

实例 ▶ 步骤

STEP 1 执行"文件>新建"命令，弹出"新建文档"对话框，选择ActionScript 2.0选项，对其他选项进行设置，如图9-143所示。单击"确定"按钮，新建Flash文档。执行"插入>新建元件"命令，弹出"创建新元件"对话框，设置如图9-144所示。

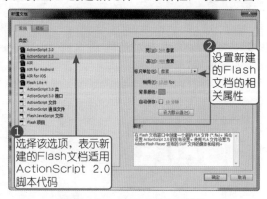

设置新建的Flash文档的相关属性

选择该选项，表示新建的Flash文档适用ActionScript 2.0脚本代码

图9-143　"新建文档"对话框

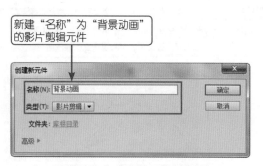

新建"名称"为"背景动画"的影片剪辑元件

图9-144　"创建新元件"对话框

提示

按照常见的贺卡形式可以分为节日贺卡、生日贺卡、爱情贺卡、温馨贺卡、祝贺贺卡等。不同的贺卡有不同的使用背景，所以制作时也要根据不同类型的贺卡选择不同的制作风格和方法。

STEP 2 导入素材图像"光盘\源文件\第14章\素材\6501.jpg"，将其转换成"名称"为"背景1"的图形元件，如图9-145所示。将该元件垂直翻转，调整到合适的大小，并设置其Alpha值为70%，如图9-146所示。

转换成"名称"为"背景1"的图形元件

图9-145　"转换为元件"对话框

图9-146　元件效果

STEP 3 在第80帧按F6键插入关键帧，将该帧上的元件向左上方移动，如图9-147所示。分别在第100帧和第115帧按F6键插入关键帧，将第100帧上的元件等比例放大一些，如图9-148所示。分别在第1、80、100帧创建传统补间动画，在第137帧按F5键插入帧。

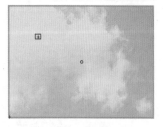

图9-147　调整位置

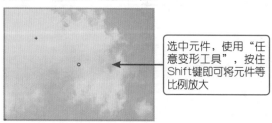

选中元件，使用"任意变形工具"，按住Shift键即可将元件等比例放大

图9-148　等比例放大元件

STEP 4 新建"图层2"，将"背景1"元件拖入到舞台中，调整到合适的大小并进行相应的旋转，设置其Alpha值为60%，如图9-149所示。在第30帧按F6键插入关键帧，将该帧上的元件向右下方移动，并设置其Alpha值为0%，在第1帧创建传统补间动画，如图9-150所示。

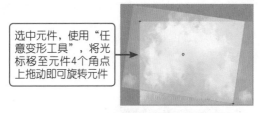

> 选中元件，使用"任意变形工具"，将光标移至元件4个角点上拖动即可旋转元件

> 元件完全透明的效果

⊲ 图9-149 调整大小   ⊲ 图9-150 元件效果

STEP 5 使用相同的制作方法，完成"图层3"至"图层5"上动画效果的制作，如图9-151所示。新建"图层6"，打开外部库文件"光盘\源文件\第9章\实例65-素材.fla"，将"满天星星"元件拖入到舞台中，如图9-152所示。

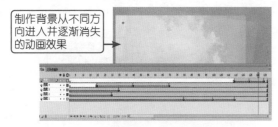

> 制作背景从不同方向进入并逐渐消失的动画效果

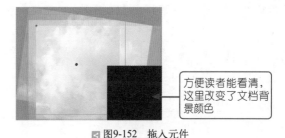

> 方便读者能看清，这里改变了文档背景颜色

⊲ 图9-151 场景效果   ⊲ 图9-152 拖入元件

STEP 6 新建"名称"为"挂心"的图形元件，导入素材6503.png，将其转换成"名称"为"挂绳"的图形元件，将该元件进行旋转操作，如图9-153所示。选中该元件，在"属性"面板中对该元件的"高级"属性进行设置，如图9-154所示。

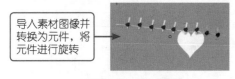

> 导入素材图像并转换为元件，将元件进行旋转

> 通过"高级"选项的设置，可以改变元件的色调和不透明度

⊲ 图9-153 导入素材   ⊲ 图9-154 元件效果

STEP 7 新建"图层2"，将"挂绳"元件拖入到舞台中，并进行相应的旋转操作，调整到合适的位置，如图9-155所示。新建"名称"为"挂心文字"的影片剪辑元件，将"挂心"元件拖入到舞台中，在第85帧按F5键插入帧，如图9-156所示。

STEP 8 分别在第15帧和第30帧按F6键插入关键帧，选择第15帧上的元件，将其向右下方移动，分别在第1帧和第15帧创建传统补间动画，如图9-157所示。新建"图层2"，输入文字，将文字创建轮廓并将其转换成"名称"为"文字"的图形元件，根据"图层1"的方法，可以完成"图层2"的制作，如图9-158所示。

⊲ 图9-155 元件效果   ⊲ 图9-156 拖入元件   ⊲ 图9-157 调整位置   ⊲ 图9-158 文本效果

STEP 9 ▶ 新建"名称"为"重放"的按钮元件，在舞台中绘制一个三角形并输入文字，如图9-159所示。在"指针经过"帧按F6键插入关键帧，修改文字和三角形的颜色，如图9-160所示。

STEP10 ▶ 在"点击"帧按F7键插入空白关键帧，使用"矩形工具"在舞台中绘制一个矩形，如图9-161所示。返回"场景1"编辑状态，将"背景1"元件拖入到舞台中，在第168帧按F5键插入帧，如图9-162所示。

◁ 图9-159 绘制文字　　◁ 图9-160 修改颜色　　◁ 图9-161 绘制矩形　　◁ 图9-162 场景效果

STEP11 ▶ 新建"图层2"，将"背景动画"元件拖入到舞台中并调整到合适的位置，如图9-163所示。新建"图层3"，在第45帧按F6键插入关键帧，将"挂心"元件拖入到舞台中，如图9-164所示。

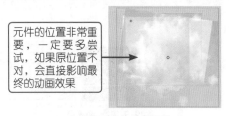

元件的位置非常重要，一定要多尝试，如果原位置不对，会直接影响最终的动画效果

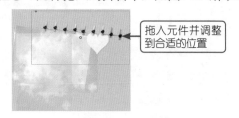

拖入元件并调整到合适的位置

◁ 图9-163 场景效果　　　　　　　　　　　　◁ 图9-164 场景效果

STEP12 ▶ 在第80帧按F6键插入关键帧，将该帧上的元件调整到合适的位置，在第45帧创建传统补间动画，在第81帧按F7键插入空白关键帧，如图9-165所示。新建"图层4"，在第81帧按F6键插入关键帧，将"挂心文字"元件拖入到舞台中，调整到合适的位置，如图9-166所示。

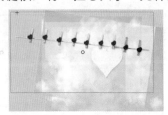

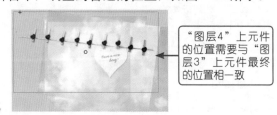

"图层4"上元件的位置需要与"图层3"上元件最终的位置相一致

◁ 图9-165 调整位置　　　　　　　　　　　　◁ 图9-166 调整位置

STEP13 ▶ 新建"图层5"，将"多星星飘动"元件从"外部库"面板拖入到舞台中。新建"图层6"，在第130帧按F6键插入关键帧，将"背景1"元件拖入到舞台中，设置其Alpha值为0%，如图9-167所示。在第145帧按F6键插入关键帧，设置该帧上元件的"高级"属性，如图9-168所示。

"多星星飘动"元件的效果

◁ 图9-167 场景效果　　　　　　　　　　　　◁ 图9-168 设置属性

STEP14 在第130帧创建传统补间动画。新建"图层7"，将"白框"元件拖入到舞台中，如图9-169所示。新建"图层8"，使用"矩形工具"在舞台中绘制矩形，如图9-170所示。

STEP15 将"图层8"设置为遮罩层，将"图层2"至"图层7"都设置为"图层8"的被遮罩层，如图9-171所示。使用相同的制作方法，可以完成"图层9"至"图层12"上动画效果的制作，如图9-172所示。

拖入元件并调整到合适的位置

图9-169 场景效果

图9-170 绘制矩形

通过遮罩动画制作出贺卡中间主体内容

图9-171 场景效果

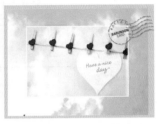

图9-172 场景效果

STEP16 新建"图层13"，在第155帧按F6键插入关键帧，使用"文本工具"在舞台中绘制一个动态文本框，并在"属性"面板中设置相关属性，如图9-173所示。选择第155帧，打开"动作-帧"面板，输入脚本代码，如图9-174所示。

将文本框设置为"动态文本"，并设置动态文本框的实例名称，便于ActionScript脚本对该文本框进行控制

图9-173 绘制动态文本框

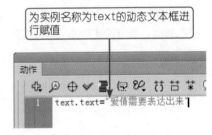
为实例名称为text的动态文本框进行赋值

```
1  text.text="爱情需要表达出来"
```

图9-174 输入脚本代码

STEP17 新建"图层14"，在第155帧按F6键插入关键帧，使用"文本工具"在舞台中绘制一个动态文本框，并在"属性"面板中设置相关属性，如图9-175所示。选择第155帧，打开"动作"面板，输入脚本代码，如图9-176所示。

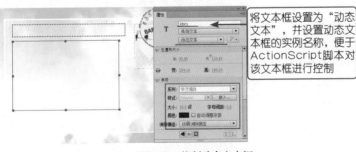
将文本框设置为"动态文本"，并设置动态文本框的实例名称，便于ActionScript脚本对该文本框进行控制

图9-175 绘制动态文本框

调用外部的文本文件，所调整外部文本文件的名称为text2.txt

```
1  loadVariablesNum("text2.txt",0);
```

图9-176 输入脚本代码

> **提示**
>
> Flash提供了3种文本类型，分别是静态文本、动态文本和输入文本。静态文本主要就是起到说明功能。动态文本的内容一般都是通过脚本实现调用。输入文本的作用是为了实现与用户沟通。

STEP18 新建"图层15"，在第155帧按F6键插入关键帧，将UIScrollBar组件拖入到舞台中，调整到合适的大小，选中刚刚拖入的组件，在"属性"面板中设置其相关属性，如图9-177所示。选择第155帧，打开"动作"面板，输入脚本代码，如图9-178所示。

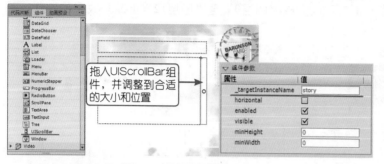

图9-177　设置组件属性

图9-178　输入脚本代码

> **提示**
>
> Flash针对外部载入文本可以进行进一步控制。ActionScript 2.0中提供了支持CSS样式表的功能，具体使用TextFiedld.styleSheet()类方法。

STEP19 新建"图层16"，在第155帧按F6键插入关键帧，使用"文本工具"在舞台中绘制一个动态文本框，如图9-179所示。并在"属性"面板中设置相关属性，如图9-180所示。

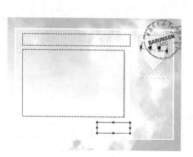

图9-179　绘制动态文本框

图9-180　设置属性

STEP20 完成该贺卡的制作，执行"文件>保存"命令，将动画保存为"光盘\源文件\第9章\实例65.fla"，按快捷键Ctrl+Enter，测试Flash动画效果，如图9-181所示。

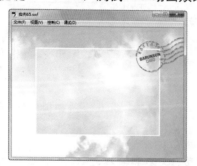

图9-181　测试Flash动画效果